台灣淡水魚地圖

台灣淡水魚地圖

陶天麟◎著　　曾晴賢◎審訂

晨星出版

【推薦序】

此書出版應可一償陶天麟先生多年來的心願，亦即鼓勵國人多到戶外走走，實際下水賞魚，並懂得如何愛護與關心牠們。作者以業餘的身分，卻對台灣的淡水魚研究如此深入，著實令人佩服，並將他實地走遍台灣大小河溪，所作的魚類調查經驗及成果，彙整資料成書出版，相信這對於淡水魚的研究教育及保育，將有具體的貢獻。

邵廣昭　前中央研究院動物所　所長

台灣是山青水綠、鳥語花香的寶島，一般人只看見人間風貌，殊不知在另一個水晶宮殿中，擁有更活潑美麗、生意盎然的魚族天地，值得大家去了解、觀賞、愛護及保育。

　　陶天麟先生探訪全台灣各主要河川、湖泊，寫作這本圖文並茂的精美地圖書，讓大眾在旅遊之餘，按圖索驥、接近自然，親身體驗魚蝦世界的豐美。這是一本魚類保育的入門書、野外活動的指南，值得每個喜愛大自然生態的人擁有。

方力行　國立海洋生物博物館　館長

近年來，民眾除了接觸大自然，也逐漸重視水面下的生態，據估計，國內釣魚、飼養魚類人數已超過數百萬。在自然界中，魚類因爲部份種類行動隱密，常在晨昏、夜間行動，且習性極爲怕人，因此難以直接觀察。

　　如今，陶天麟爲完整呈現、介紹諸種魚類，花費極大心力及時間，讓讀者得以見到這些珍貴圖片及豐富資料，在數十年後，我們的子孫也能享受這美好的一切。

李進興

中華民國自然與生態攝影學會 監事

陶天麟身爲自然界中生物的一分子，執著、義無反顧地勇往直前；從大自然環境中引申更多生物，探討另一個生命的世界，了解生命的意義及意識活動的狀態。因知福才會惜福、再造福，釣魚界的朋友都相當期待這本書的誕生，希望能啓迪大眾對自然生態的關懷，魚類資源始能永續發展。

陳正南

中華民國釣魚協會 秘書長

【作者序】

近年來國人在享受戶外生活接觸大自然時，除了欣賞自然美景外，賞鳥、賞蝶、賞螢火蟲的風氣也愈來愈盛，透過觀賞這些動物的過程，不但能增進大家對於這些生物的認識，也使得民眾逐漸了解正確對待野生動物的態度與愛護自然生態環境的重要性，但除了近幾年來流行的賞鯨活動外，以及在某些特定地點（如達娜伊谷）觀賞台灣的魚類外，一般性以台灣魚類為觀賞對象的活動相對罕見，這並不代表一般民眾對魚類沒有興趣，只要到各大型水族館看看就可以發現，喜歡魚類的民眾不在少數。在自然界中，魚類難以觀賞的真正原因，在於部分種類習性隱密，不易直接觀賞，更有些魚類稀少到瀕臨滅絕，更增加直接觀賞的困難度，或許是因為很少接觸，民眾對於台灣本土的淡水魚類，似乎相當陌生，例如：問小朋友台灣有哪些野生魚類？他們可能會說「吳郭魚」。

河流是珍貴的自然資源，雖然河流只佔地球表面十分之一的面積，自古以來，所有文明皆源於河流的兩岸，也是大多數生命的源頭，台灣溪流遍佈，流域面積廣闊，這些得天獨厚的資源，孕育著種類繁多的水產動植物。

也許有些人認為福爾摩沙的生態資源與生俱來，但是，任何形式

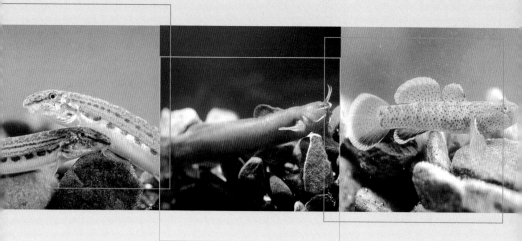

的資源，若缺乏善意的維護，也會有耗盡的一天。爲了使大眾了解淡水魚資源保育的重要性，筆者以五年的時間，調查及記錄本島之河流、湖泊、水庫各水系，深入淺出地介紹台灣常見的百餘種淡水魚類，更以科別分類介紹各科的特徵，將高山至平原分布的魚類加以分析，及本島24個縣市數百條河川所分布之魚類地圖，加上淡水魚圖鑑和水域附近常見的兩棲類、爬蟲類、蝦蟹、水鳥等圖鑑，以求本書更爲生動，使一般民眾得以了解在台灣這塊土地上生長的魚類，亦使釣友一目瞭然，知道自己所釣的魚種習性，及是否爲保育珍稀魚種，以期喚起大眾對淡水魚資源保育的重視與共識。

　　數十年前，淡水魚提供許多台灣人所欠缺的動物性蛋白質，養活了許多人。現在，許多河川、湖泊已被人類污染破壞殆盡。現在是我們伸出援手、重視這些曾經幫助台灣人的水中精靈的時候了！

【目次】

【目次】

淡水魚 觀賞入門

台灣地區主要擁有129條水系之河川，依據共同特性、流域形勢及水資源利用之現況、經濟發展等因素，區分為主要河川24條（次要河川29條）、普通河川79條及許多水庫與湖泊。

　　一般而言，台灣的溪流較為湍急，以中央山脈、雪山山脈與阿里山山脈為分水嶺，因本島地質偏傾，多自西向東或自東向西入海，且西部河川較東部多且長，由於本島溪流眾多，又因高山地形隔離出不同的水系，陸地河流易受地理隔離阻絕，增加特化的因素，使得不同水系中的魚類，在種類及組成上皆有明顯的差異。

　　台灣淡水魚的種類大約有160種，其中只能生存於純淡水水域的魚種約63種，而其他100多種屬於洄游性魚種，以及在海河交會河口附近生存的魚種，其中包括22種以上可河海雙向洄游及50多種只棲息於河口及海洋、不太會侵入淡水水域的魚種，23種可生存於淡水及河口水域的魚種，這些淡水魚中有1/5，也就是超過35種屬於台灣特有魚種。

淡水魚的定義

　　廣義來說，只要能在鹽度千分之三的淡水中生存棲息，即可稱為淡水魚，包括虱目魚、烏魚等偶爾進入河川下游的魚種，皆稱之。

　　狹義而言，除了需洄游及降海才能繁殖的魚種外，需終其一生棲息於純淡水水域，如：鯉魚、草魚，洄游性則如鱸鰻。

高身鯽

台灣
淡水魚
地圖

中海拔河川

石鱝與粗首鱲的幼魚

淡水魚的分類

櫻花鉤吻鮭

彈塗魚

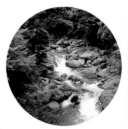
高海拔河川

　　依照淡水魚對鹽分的不同適應能力，可將其區分為三大類別，包括初級淡水魚、次級淡水魚、周緣性淡水魚。

　　依照演化的不同，及棲息地的差異，可將其區分為三大類別，包括純淡水魚、洄游性魚類、河口魚類。

根據各種不同科別之魚類，舉一代表性魚種，介紹其科、屬、特徵：

鰻鱺科 Anguillidae

特徵：長條形如蛇狀，全身分泌黏液，身體側背褐色，腹部為灰白或全白，上下頜有絨毛狀的牙齒，既尖且細，背鰭起點至鰓裂短於至肛門的距離，背鰭起點約在胸鰭起點到肛門孔中央，胸鰭為橢圓形，無腹鰭，口裂很深，超過眼後緣。

代表性魚種：鱸鰻 *Anguilla marmorata* Quoy *et* Gaimdrd

虱目魚科 Chanidae

特徵：體側扁細長，紡綞形，背及腹緣成淺弧形，截面成卵圓形，頭錐形，中大，吻尖突，端位，眼中大，上下頜鋤骨無齒，但有一瘤狀突起，上凸下凹相切合，體被圓鱗，鱗片細小，頭部則無鱗，鱗片在背鰭與臀鰭基部均有鱗鞘，胸鰭低位，尾鰭分叉深。

代表性魚種：虱目魚 *Chanos chanos*（Forsskal）

鯉科 Cyprinidae

特徵：體延長，身體側扁，成紡綞形，背緣淺弧形，腹緣亦同，頭中等大小，吻鈍圓，口小，斜裂，上頜包下頜，呈圓弧形，有2對鬚，眼中大，上側位，體被圓鱗，側線完全。

代表性魚種：鯉魚 *Cyprinus carpio* Linnaeus

鰍科 Cobitida

特徵：體低而延長，前部亞圓形，腹部圓形，後部側扁，背部平直，口小下位，呈弧形，有5對鬚，眼小上位，側線完整位於體側中央，臀鰭短，尾鰭後緣圓形，體色呈淺灰褐或深灰褐色。

代表性魚種：泥鰍 *Misgurnus anguillicaudtus*（cantor）

爬鰍科 **Balitoridae**

特徵：體扁平，腹鰭以後側扁，
頭部扁平，吻短，寬而平
直，口下位，有四對鬚，
腹部平坦，眼中大，側上
位，體被細小圓鱗，頭
部、胸鰭基部背面和腹鰭
基部之腹面光滑無鱗，側線完全，自體側中延伸至尾鰭基部。

代表性魚種：埔里中華爬岩鰍 *Sinogastromyzon puliensis* Liang

鮠科 **Bagridae**

特徵：體長形，光滑無鱗，前部
圓筒狀，後部側扁，頭小
橢圓形，平扁，眼小，上
側位，口大，下位，且有
4對鬚，背鰭和胸鰭第一
根為硬棘，胸鰭之硬棘有
鉤，側線平直，尾鰭後緣為淺，分叉，常破損。

代表性魚種：脂鮠 *Pseudobagrus adiposalis*（Oshima）

鯰科 **Siluridae**

特徵：體延長，前段略為圓筒
形，頭部巨大，呈圓錐
狀，平扁，有2對鬚，上
頜鬚比較長，眼小，有兩
對鼻孔，前鼻孔有根短
管，體無被鱗，皮膚富黏
液，背鰭小，無脂鰭，臀鰭相當長，與尾鰭相連，側線平直，
沿身體中央可見側線管開口。

代表性魚種：鯰魚 *Silurus asotus* Linnaeus

棘甲鯰科 Loricariidae

特徵：身體扁而略長，胸腹部平
坦，頭部至胸鰭前之身體
略呈三角形，尾柄修長，
尾部側扁，眼小，上位，
口大，開於腹面，特化成
吸盤，具一對鬚，口內佈
滿細小之利齒，體被並排的硬鱗，形成硬鞘，背鰭大如帆，第
一根為硬棘，胸鰭亦然。

代表性魚種：琵琶鼠 *Pterygoplichthys sp.*

塘虱魚科 Clariidae

特徵：體延長，頭部平扁呈楔
狀，後部側扁，頭背及兩
側具骨板，吻寬圓而短，
有鬚4對，口大，亞前
位，眼小，上側位，身體
光滑無鱗，多黏液，側線
孔沿體側直走，背鰭基部長，胸鰭小，尾鰭圓形，身體灰暗色
或棕黃色，各鰭呈灰黑色。

代表性魚種：塘虱魚 *Clarias fuscus*（Lacepede）

鮰科 Amblycipitidae

特徵：體延長，自頭部後略側
扁，頭部扁平，吻短而寬
鈍，口開於吻端，有鬚4
對，眼小，隱於皮下，上
位，背鰭短小，脂鰭低長
且全部和背接合，背鰭胸

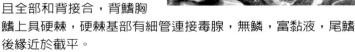

鰭上具硬棘，硬棘基部有細管連接毒腺，無鱗，富黏液，尾鰭
後緣近於截平。

代表性魚種：台灣 *Liobagrus formosanus* Regan

海鯰科 Ariidae

特徵：身體長，頭略扁平，上覆
骨板，頭中大，吻部略
尖，口邊有鬚3對，口開
於吻端略下方，上顎較下
顎為長，腹部圓、後半部
側扁，胸鰭有一硬棘，尾
鰭大，深分叉，體表光滑無鱗，腹部白色，各鰭淡黃褐色。

代表性魚種：斑海鯰 *Arius maculatu*（Thunberg）

胡瓜魚科 Osmeridae

特徵：體型中等延長，呈紡錘
形，口裂廣而深，上顎有
小型圓錐狀齒，上下顎齒
形狀特殊，前緣截平，邊
有鋸齒，狀似鏟，可刮食
石頭上的藻類，體被細小
之圓形鱗，側線平直，恰好位於體側中央，腹部銀白色。

代表性魚種：鮎魚 *Plecoglossus altivelis altivelis*
　　　　　　（Temminck *et* Schlegel）

銀魚科 Salangidae

特徵：身體細長，前部低狹，略
呈圓柱狀，後部側扁，頭
平扁而吻部尖長，口裂寬
大，眼小側位，背鰭遠在
腹鰭後，體光滑無鱗，偶
有局部不規則之圓鱗，無
側線，尾鰭分叉狀，體呈灰白色至半透明，各鰭顏色較深。

代表性魚種：銳頭銀魚 *Salanx acuticeps* Regan

鮭科 Salmonidae

特徵：身體側扁呈紡錘形，口端位，口裂大吻較尖，細長，體被細小圓鱗，腹鰭有液突，背鰭稍後方有一小脂鰭，雄魚背部青綠色，腹部銀白，活躍於清澈、冰冷的高山森林溪流及深潭。

代表性魚種：台灣櫻花鉤吻鮭 *Oncorhynchus masou formosanum*（Jordan *et* Oshima）

鱵科 Hemiramphidae

特徵：體延長，略側扁，下顎突出呈扁針狀，口上位，上額短小，呈三角形，頭中大，眼大，前側位，鼻孔突長而尖，體被大鱗，胸鰭短，腹鰭後位，尾鰭圓形，體呈淡褐色，背灰黑，各鰭顏色較深，腹面白色。

代表性魚種：異鰭鱵 *Zenarchopterus buffonis*（valenciennes）

青鱂科 Adrianichthyidae

特徵：體延長，稍側扁，頭部背面平扁，腹部圓，口上位，下額突出，吻寬短，腿較大，側位，眼間距寬平，喉頰部和胸腹緣狹窄，無側線，體被較大型圓鱗，腹鰭腹位末端伸達肛門，尾鰭截形，體背側淡灰色，頭背部斑紋稍大，頭體多小黑點，體背中線具一暗褐色縱帶。

代表性魚種：青鱂魚 *Oryzias latipes*（Temminck *et* Schlegel）

胎鱂魚科 Poeciliidae

特徵： 身體前半部略呈楔狀，後部側扁，吻部短小，位於吻端，眼大，側位，頭中等大，體被大型圓鱗，各鰭無棘，臀鰭基底短，腹鰭腹位、尾呈圓形，體呈淡黃或淺灰，略透明，體背暗褐色，腹部白色，各鰭淡黃色。

代表性魚種： 食蚊魚 *Gambusia affinis*（Baird *et* Girard）

銀漢魚科 Atherinidae

特徵： 體延長，略側扁，口小斜裂，前位，可伸出，眼大，上側位，鰓孔大，背側寬厚，體被圓鱗，無側線，無脂鰭，尾鰭分叉，呈深叉狀，體色淺灰略透明，全身金屬光澤，頭部銀色，體側中央有一條黑綠色的縱紋，各鰭皆透明。

代表性魚種： 凡氏下銀漢魚 *Hypoatherina valencienhei*（Bleeker）

合鰓科 Synbranchidae

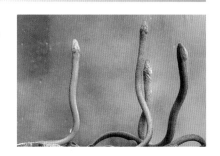

特徵： 身體細長，呈圓柱狀，頭部膨大，頰部隆起，前端略呈圓鏟形，吻鈍尖，口大，前位，眼小，上側位，隱於皮下，鰓裂在腹側，左右鰓膜相癒合，側線完全，體光滑無鱗，富黏液，背鰭和臀鰭均退化成皮褶，無鰭條，與尾鰭相連。

代表性魚種： 黃鱔 *Monopterus albus*（Zuiew）

牛尾魚科 Platycephalidae

特徵：體延長而平扁，頭大扁平，口大，下頜突出，前位，眼中大，上側位，鰓蓋邊緣有皮質瓣狀物，前鰓蓋棘2枚，頭上之骨棘通常有刺或呈鋸齒狀，側線完全，側線之鱗片均無棘，體被細小櫛鱗，臀鰭無棘，尾鰭略呈截形。

代表性魚種：印度牛尾魚 *Platycephalus indicus*（Linnaeus）

玻璃魚科 Ambassidae

特徵：體側扁，長橢圓形，體較高，口中等大，稍傾斜，眼大，上側位，眼間隔窄小，側線完全，體被中大型圓鱗，胸鰭寬大，尾鰭呈深凹狀，體小近半透明，腹部銀白，體側具銀白縱帶，各鰭顏色較深，尾鰭上下葉顏色較深。

代表性魚種：康氏雙邊魚 *Ambassis commersoni* Cuvier

眞鱸科 Percichthyidae

特徵：體延長而側扁，前段略為圓形，吻端尖，口裂大，斜略眼小，上側位，鰓裂大，側線完全而連續，體被細小鱗片，體銀灰色，側線上方之體背有黑點散布，腹側灰白，尾鰭顏色較深。

代表性魚種：日本眞鱸 *Lateolabrax japonicus*（cuvier）

鯻科 **Teraponidae**

特徵：體延長，側扁，稍呈卵圓形，口中大，稍斜裂，吻短鈍，眼中等大，上側位，背鰭硬棘與軟條之間有深刻，側線完全，體被細小櫛鱗，前段略彎曲，尾鰭上下葉有斜走之黑色條紋。

代表性魚種：花身雞魚 *Terapon jarbua*（Forsskal）

湯鯉科 **Kuhliidae**

特徵：身體略延長，呈紡錘形，側扁，頭中大，口大，口裂稍小，吻長較眼徑為短，眼中等，側位，眼前骨及前鰓骨之邊緣有鋸齒，側線完全，體被櫛鱗，頰部、鰓蓋及鰓蓋下骨被鱗，體側上部為淺銀褐色，尾鰭後緣具寬大的黑色帶。

代表性魚種：湯鯉 *Kuhlia marginata*（cuvier）

鰏科 **Leiognathidae**

特徵：體橢圓形，極側扁，口小前位，口裂水平或稍向下，頭小，眼亦小，吻長略等於眼徑，頭部無鱗，頭倍之輪廓圓形，吻端截平，側線完全，體被細小圓鱗，腹鰭有腋鱗，腹鰭小，尾鰭深叉。

代表性魚種：短棘鰏 *Leiognathus equulus*（Forsskal）

鯛科 **Sparidae**

特徵：體呈橢圓形，側扁，頭中大，口小，前位，稍斜裂，眼中大，上側位，背緣彎曲，腹緣較平，背鰭單一，體被中大弱櫛鱗，側線完全，與背緣平行，側線至硬背鰭基底中點間有4鱗列，體呈褐黑色。

代表性魚種：灰鰭鯛 *Acanthopagrus berda*（Forsskal）

銀鱗鯧科 **Monodactylidae**

特徵：體高而側扁，近圓形，吻短鈍，口小，斜裂，上顎可伸縮，眼大，位於頭前半部，頭大，背腹緣弧形隆起，背鰭及臀鰭的硬棘退化，體被細小櫛鱗，側線完全，胸鰭圓形，尾鰭略凹，眼上下有條縱線。

代表性魚種：銀鱗鯧 *Monodactylus argenteus*（Linnaeus）

金錢魚科 **Scatophagidae**

特徵：體側扁而高，頭背部高斜，體略呈橢圓形，口小，前位，上下額約等長，吻中長，寬鈍，眼中大，上側位，眶前骨極寬大，頭較小，鼻孔兩個，相距近，體被櫛鱗，鱗片小型，側線完全，呈弧形，幼魚體側黑斑明顯且多，背鰭、臀鰭與尾鰭具小斑點。

代表性魚種：金錢魚 *Scatophagus argus*（Linnaeus）

慈鯛科 **Cichlidae**

特徵：體延長而側扁，體呈橢圓
　　　　形，口中大，前位眼中
　　　　大，上側位，頭達到肛
　　　　門，體被中大型櫛鱗，側
　　　　線分為上下兩段，尾鰭呈
　　　　截形，本種對於環境的適
應力極強，不論是河川上游、海水或污染嚴重的水溝，皆可生
存，抗病力強，雜食性。

代表性魚種：尼羅口孵魚 *Oreochromis niloticus niloticus*（Linnaeus）

鯔科 **Mugilidae**

特徵：體延長，呈紡錘形，前方
　　　　圓形後方側扁，頭略平
　　　　扁，截面近似三角形，口
　　　　橫裂，口小，亞腹位，眼
　　　　圓，前側位，背無隆脊，
　　　　體被櫛鱗，鱗片具有多列
錐形櫛刺，喜棲息於沿岸及河口淡、鹹水域中。

代表性魚種：大鱗鮻 *Liza macrolepis*（Smith）

金梭魚科 **Sphyraenidae**

特徵：體延長，呈次圓狀形，口
　　　　大，前位，稍斜裂，吻部
　　　　尖突，下頜突出，眼大，
　　　　上側位，眼間隔寬平，頭
　　　　部尖而長，背緣線較為平
　　　　直，體被細小薄圓鱗，側
線平直，胸鰭短，靠近體軸，腹鰭腹位，鰓耙退化或呈剛毛
狀，尾鰭深分叉。

代表性魚種：布氏金梭魚 *Sphyraena putnamae* Jordan *et* Seale

鳚科 **Blenniidae**

特徵： 體延長，呈橢圓，稍側
扁，吻短鈍，口小，略平
直，前上頜齒40枚以下，
上下唇平滑，眼中大，上
側位，鼻孔前無皮瓣，間
隔鰓蓋骨之腹後側有突

起，背腹緣線平直，背側呈圓弧形，體無被鱗，腹鰭呈絲狀，
尾鰭扇形。喜棲息於河口區半鹹水域。

代表性魚種： 黑斑肩鰓鳚 *Omobranchus ferox*（Herre）

溪鱧科 **Rhyacichthyidae**

特徵： 身體頭部縱扁，腹面扁
平，體中央後側扁，口甚
小，開於吻端腹側，上唇
肥厚，下唇隱於腹面，眼
小，下位，頭部平扁，頭
部、腹面及胸鰭特別平

坦，具有側線，體被櫛鱗，胸鰭大，扇形，腹鰭互相遠離，尾
鰭微凹，體背側略呈暗褐色，腹部略白。

代表性魚種： 溪鱧 *Rhyacichthys aspro*（Kuhl *et* van Hasselth）

鰕虎科 **Gobiidae**

特徵： 體延長，頭部略平扁，後
方側扁，吻略尖突，口
大，斜裂，眼小，上側
位，眼間距窄小，鰓蓋裂
延伸到鰓蓋中線下方，體

被細小櫛鱗，後半部櫛鱗較大，腹鰭癒合成吸盤狀，尾鰭末端
圓形，體色差異大，從淺棕到黃褐色皆有。

代表性魚種： 褐吻鰕虎 *Rhinogobius brunneus* （Oshima）

鬥魚科 **Belontiidae**

特徵： 體長呈卵形而側扁，頭部中大，吻短而尖，口斜裂，開於吻前緣上端，上下頜皆有細小之頜齒，體被中大型的櫛鱗，側線退

化，背鰭、臀鰭及腹鰭第一根軟條管皆延長為絲狀，老成魚之外緣鰭更長。體色為藍綠色，尾鰭紅色，後緣凹入，成魚延長，雌魚幼魚尾鰭後呈圓形，上下葉不能交叉。

代表性魚種： 蓋斑鬥魚 *Macropodus opercularis*（Ahl）

鱧科 **Channidae**

特徵： 體延長，呈圓筒狀，尾部側扁，口大，開於吻端，口裂向後伸至眼下方，上下頜均有銳利的細齒，前鼻孔成管狀，眼小，上側位，眼間隔寬大，全身被

中型圓鱗，頭頂鱗片特大，呈骨片狀，側線平直，其第一鰓弧上部有特殊副呼吸器，能直接呼吸空氣，尾鰭圓形。

代表性魚種： 七星鱧 *Channa asiatica*（Linnaeus）

棘鰍科 **Mastacembelidae**

特徵： 體略側扁，極延長似蛇狀，尾部向後漸扁薄，口中大，末端可達眼前緣，上唇延長而略往下垂，吻稍長，眼小，上側位，頭

小而往吻端略呈三角形，側線完全，體被細小鱗片，前部的硬棘十分發達，起於胸鰭後緣直上方，各棘短而分離，背鰭、臀鰭與尾鰭完全相連，無腹鰭、尾鰭長矛形。

代表性魚種： 長吻棘鰍 *Macrognathus aculeatus*（Bloch）

不同地形所 分布 的魚種

水域是本島最主要的內陸水體，也是台灣自然環境最重要的生態體系，喝台灣水長大的你，又對台灣有幾分了解？對孕育這片土地的水域，又認識多少？

　　台灣溪流河泊遍佈，孕育的生物在數量與種類上都相當豐富，有水生植物、無脊椎動物、脊椎動物，淡水魚在水域生態系統的營養鹽與能量循環過程，都扮演著重要角色，各種淡水魚生存環境皆不同，可以說有水的地方就有魚，從南極到北極，從負四十度的水域，到高達四十度的溫泉，皆曾發現過魚類。

　　台灣的溪流河川，都具有陡降率大的高山峽谷特徵，自海拔2500公尺以下才有魚種棲息，以下為各種不同地形所分布的代表魚種。

河川上游常見代表性棲息魚種

　　台灣河流上游林木繁茂，山巒層疊，是台灣河川水源，幾乎未受污染的水域環境，上游多為河流源頭，海拔1500以上之水域，水溫約為15°C，溶氧量高，水湍急，雲霧氤氳，礦物質少，河床上游有許多由石隙及巨石塊堆積形成的水塘，代表性魚種為：

台灣鏟頜魚

台灣間爬岩鰍

台灣石䱗

台灣纓口鰍

河川中游常見代表性棲息魚種

　　中游地區是河流生態系中最具特色的河段，地形亦較複雜，具有急瀨、平瀨、平潭、深潭、瀑布、澗道等棲息地，水量較為豐沛，海拔約為1500公尺至200公尺的範圍，以800公尺以下魚種較多，代表性魚種為：

台灣馬口魚

粗首鱲

平頷鱲（雄魚）

短吻小鰾鮈

河川下游常見代表性棲息魚種

　　下游通常是指流出山區後經平原流動的水域，下游水流較平緩，水面較寬且深，除部份中游魚種亦在此棲息之外，還有鯉魚、鯽魚、條鰍泥鰍等，本水域易受工業、家庭、畜牧廢水的污染，現幾乎已被大量耐污染魚種，如：大肚魚、慈鯛科、琵琶鼠所取代，代表性魚種為：

鯉魚

鯽魚

鰲條

泥鰍

平原常見代表性棲息魚種

　　本島平原亦有廣大的面積，其中包含支流及溝渠、池沼，也因地理的隔離因素、演化出許多特化的物種，代表性魚種為：

高體鰟鮍　　　　　　　　　　　　草條副䱀

鯉魚　　　　　　　　　　　　　　鯰魚

湖泊水庫常見代表性棲息魚種

　　水庫對現今人類而言，已不再是不可或缺，本島山高水急，水源多半流入大海，興建水庫是最積極的水資源利用，台灣興建的水庫相當多，天然湖泊亦不在少數，這些水域環境通常較河川穩定，因此通常棲息許多大型魚類，代表性魚種為：

草魚

黑鰱

紅鰭鮊

高身鯽

河口常見代表性棲息魚種

　　河口多為污染最為嚴重的水域，而海河交界的魚類多為能適應海水之廣鹽性魚種，以及洄游性魚種，代表性魚種為：

虱目魚

鱛

花身雞魚

河魨類

稀有魚種及保育類魚種

　　台灣原生魚種瀕臨滅絕的原因，不外乎是人為因素，如廢水污染、外來種引進任意野放、任意砍伐森林、水庫及攔沙壩的建立，非法電、毒魚等，在在威脅河川中原生魚種的生存空間，有些種類恐已滅絕，希望藉由對它們的了解，能讓這些魚類重現些許生機。

稀有魚種

條紋二鬚䰾

陳氏鰍鮀

溪鯉

圓吻鯝

大眼華鯿

黃鱔

保育類魚種

高身鏟頷魚

蓋斑鬥魚

鱸鰻

埔里中華爬岩鰍

櫻花鉤吻鮭

台東間爬岩鰍

35

即將滅絕魚種

台灣白魚

青鱂魚

菊池氏細鯽

中間鰍鮀

台灣鮰

飯島氏領鬚鮈

台灣細鯿

大鱗細鯿

可能已滅絕魚種

香魚

長吻棘鰍

攀鱸

楊氏羽衣鯊

銳頭銀魚

外來侵入種淡水魚

　　台灣因特殊用途及國人不當的放生行為，使河川充斥著大量外來魚種，有些如同近來北市有人野放凱門鱷魚一樣誇張，也許，在日月潭釣到食人魚，也早已不再是新鮮事。以下列出常見的外來種淡水魚，希望國人能夠有所警惕，請勿再任意野放。

莫三比克口孵魚

尼羅口孵魚

雜交尼羅魚

泰國鯰

線鱧

泰國塘虱魚

黃鱔（中國）

三星攀鱸

食蚊魚

孔雀魚

吉利慈鯛

日本香魚

蓋斑鬥魚（東南亞）

琵琶鼠

花羅漢

慈鯛科

麥奇鉤吻鮭

高體四鬚䰾

擬食人魚

紅寶石慈鯛

小盾鱧

紅尾金絲

帆鰭胎生鱂魚

台灣 淡水魚 地圖

台灣臨近大陸，在很久之前，曾發生過多次冰河時期，海平面下降，使台灣與大陸連接起來，河流可以由大陸流到台灣，大陸上各式各樣的淡水魚便沿著河流抵達台灣，待冰河時期結束，冰溶解後，這些魚就留在台灣獨立演化，產生許多特有種，台灣多數淡水魚均來自亞洲大陸。

台灣中央山脈高聳，河川由山頂流至海，最多不過百餘里，但垂直落差卻可達數千公尺，所以在短短的河段中，形成許多不同三棲所環境，有澗道、瀑布、急瀨、平瀨、淺灘、深潭等，而且河道順山谷間切割，使河道與河道之間互不相連。根據這些天然環境互相造成的適應及隔離效應，使得淡水魚類演化出各自適應型，產生多樣性。以下將台灣24個縣市的所有水系包括：主要河川、次要河川、主要支流、普通支流、支流、普通河川、水庫湖泊進行分類，以介紹各縣市魚類的分布。

台北縣市、基隆市

台灣海峽

東海

桃園市

太平洋

龜山島

臺北市

基隆市

基隆嶼

新山水庫

西勢水庫

雙溪川

淡水河

基隆河

景美溪

北勢溪

翡翠水庫

新店溪

南勢溪

桃園縣

宜蘭市

宜蘭縣

台灣淡水魚地圖

● 淡水河
● 新店溪
● 北勢溪
● 南勢溪
● 景美溪
● 基隆河
● 雙溪
● 西勢水庫
● 新山水庫
● 翡翠水庫

淡水河

主要河川

【淡水河】

淡水河發源於新竹縣與台中縣交界之品田山，是台灣第三大河流，主要三大支流為大漢溪、新店溪、基隆河，其它支流有三峽河、景美溪、北勢溪，疏洪道等，流域面積2726平方公里，包括台北市、台北縣的大部份，匯合處是台北盆地，過關渡後河道開闊，於淡水出海，幹線長度為158公里，其中於淡水河口有三大自然保留區，分別為「關渡自然保留區」、「淡水河紅樹林自然保留區」及「挖子尾自然保留區」。

淡水河主河道為中、下游，經過工商發達的台北市，因此受到相當程度的污染，可見魚種為：鯽魚、鯉魚、高身鯽、粗首鱲、平頜鱲、革條副鱊、高體鰟鮍、塘虱魚、線鱧、鱧魚、慈鯛科魚種、琵琶鼠，靠近中、上游河道偶有大眼華鯿，河口則以慈鯛科及鯔科為優勢種，其它種類有：雙邊魚、金錢魚、布氏金梭魚、彈塗魚等。

淡水河流域主要支流

【新店溪】

　　新店溪是由北勢溪與南勢溪於龜山下游匯合而成，因流經台北縣新店而得名，其主流發源於棲蘭山，全長84公里，流域面積916平方公里，於直潭附近有曲流地形，通了弧形的曲流，即為名列台灣十二景的碧潭。本溪河段未受嚴重污染，水質較佳，常見魚種有粗首鱲、平頜鱲、馬口魚、石鱝、台灣纓口鰍、花鰍、唇鱲、鯽魚、鯰魚、鯉魚、褐吻蝦虎、極樂吻蝦虎，偶見魚種大眼華鯿、圓吻鯝、台灣鮠等。

銀湯鯉

平頜鱲（♂）

新店溪

台灣
淡水魚
地圖

【北勢溪】

北勢溪發源於雪山山脈北端西麓，高度只有600公尺，地勢平緩，河谷寬廣的鶯子山群，由上游的灣潭溪於糞箕湖附近匯流而成，流至坪林與最大的支流鰱魚堀溪匯合，往西而流，溪谷漸寬，呈V字形，經過許多「曲流」地形，曲流蜿蜒的景致，直至龜山附近與南勢溪合流，形成新店溪，注入淡水河。北勢溪全長50公里，流域面積310平方公里，是翡翠水庫的源頭。本溪自88年封溪護魚至今，魚種及數量相當豐富，保育類魚種有鱸鰻，其它魚種有圓吻鯝、大眼華鯿、鯉魚、

馬口魚、石䲁、粗首鱲、平頜鱲、台灣間爬岩鰍、鰕虎科魚種，偶有香魚，及外來種慈鯛科等。

大眼華鯿

圓吻鯝

北勢溪

【南勢溪】

南勢溪發源於棲蘭山的松蘿湖，主要支流有札孔溪與哈盆溪，上游山壁陡峭，河谷狹直，呈U字型，至烏來與最大的支流桶後溪匯流，經數座攔沙壩，此段河川水淺灘多，溪水由南向北流至龜山附近，與北勢溪會合成新店溪，最後注入淡水河，全長45公里，流域面積332平方公里。

魚種豐富，魚種有圓吻鯝、香魚、大眼華鯿、平頷鱲、粗首鱲、馬口魚、唇鱝、花鰍、鯝魚、石鰌、台灣鮈、脂鮈、鯽魚、鯉魚、高身鯽、線鱧、慈鯛科、蝦虎科魚種等。

唇鱝

【景美溪】

景美溪發源於台北縣玉桂嶺，主流25公里，流域面積120平方公里，是文山區的主要河川，魚種有：平頷鱲、粗首鱲、馬口魚、台灣鮈、蝦虎科、慈鯛科、花鰍、鯽魚、鯉魚、線鱧、台灣間爬岩鰍等。

南勢溪

香魚

台灣纓口鰍

景美溪

【基隆河】

基隆河是台灣最北的河流，發源於台北縣、平溪菁桐山，上游河道往東北流向，自瑞芳以下，河道曲折，是全省唯一具深槽形河床之河川，流經暖暖、汐止、南港後，進入台北盆地，於關渡附近匯入淡水河，全長86公里，流域面積501平方公里。由於早期河川上游煤礦開採，河水受到嚴重污染，水資源利用不多，魚種有鯉魚、鯽魚、花鰍、台灣鮠、蝦虎科、慈鯛科、馬口魚、粗首鱲、平頜鱲、石𩼨，偶有大眼華鯿及圓吻鯝，下游為外來種之慈鯛科及琵琶鼠等等。

琵琶鼠

鯽魚

石𩼨

基隆河

一般河川

【雙溪】

唇䱻

雙溪流域位於東北角，發源於台北縣雙溪鄉之中坑，主要支流有牡丹溪、丁子蘭溪、枋腳溪、平林溪等，是台北縣最短的河川，只有26公里，流域面積132平方公里。終年水量豐沛，流水湍急，早年採礦湧入大批人潮，河水也受到嚴重洗礦污染，不過隨著主礦脈迅速被開採完後，人去樓空，現今河川到處清澈如泉水，早年溪流魚量豐富，是原住民的漁獵場，常見魚種有：平頜鱲、粗首鱲、唇䱻、馬口魚、石䋃、鯽魚、鯉魚、花鰍、鯁魚、鰕鯱、鮰魚等。

雙溪

51

水庫湖泊

西勢水庫完工於1926年，位於基隆市暖暖區，又稱暖暖水庫，水庫面積0.09平方公里，屬於地區性小型水庫，主要水源以截取西勢溪的水源為主，水庫魚種有：鯉魚、鯽魚、高身鯽、黑鰱、鯁魚、草魚、白鰱、鰲條、唇鱲、粗首鱲、平頜鱲、鯰魚、塘虱魚、花鰍、泥鰍、慈鯛科、蝦虎科等。

【新山水庫】

新山水庫位於大武崙之山谷地區，水庫面積0.56平方公里，是地區型的小型水庫，是截取大武崙溪中段的溪水形成的水庫。常見魚種有：鰲條、草魚、鯽魚、高身鯽、鱧魚、塘虱魚、食蚊魚、慈鯛科、蝦虎科、花鰍等魚種。

草魚

鯰魚

黑鰱（幼）

西勢水庫

新山水庫

【翡翠水庫】

翡翠水庫是供應大台北地區民生用水的大型水庫，是台灣第二大水庫，也是遠東地區最長的拱壩。水庫主要引用北勢溪的溪水，及魚堀溪、金瓜寮溪、灣潭溪等較大支流的溪水，集水面積達303平方公里，水庫面積1024公頃，興建之前由於距台北僅30公里，安全上考量甚多，水庫興建完工於民國76年，但對於生態環境卻造成極大的傷害，例如：原生種植物—烏來杜鵑野地族群滅絕，及洄游性魚種無法返回棲地等。水庫魚種繁多，有草魚、鯽魚、鯉魚、黑鰱、高身鯽、鯁魚、白鰱、鰟鯮、唇鱨、粗首

鰟鯮

黑鰱

鱲、平頜鱲、圓吻鯝、大眼華鯿、花鰍、泥鰍、慈鯛科、鰕鯱科、鯰魚、塘虱魚、馬口魚、石鱝等等，其中以翹嘴紅鮊數量最多。

翹嘴紅鮊是近年來不當野放的魚種，使得翡翠水庫魚種組成完全改變，肉食性翹嘴紅鮊獵食的結果，使粗首鱲及石鱝幾乎消失在本水域中。

翡翠水庫

台北縣市、基隆市河流簡介

　　距今五千年前左右，古台北盆地的海水退去，漸漸形成了陸地、湖泊，以及河川水系，其中以淡水河貫穿台北盆地，其中三條主要支流基隆河、新店溪、大漢溪源源不絕地提供了淡水河主流龐大的水源

　　台北市雖為台灣的首都，亦是人口密集、工商發達、政治經濟的中心，但垃圾處理及污水處理設備嚴重不足，使得中、上游的美麗清澈河川，流入台北盆地之後，變成污染嚴重、水質惡劣的臭河，大家都不希望後代子無法見到逐漸離我們遠去的青山綠水。

　　所幸在大湖、內湖大埤，及金龍湖即將被污染之際，台北縣市、基隆市的山區，仍有未受污染的河流及水庫—翡翠水庫、西勢水庫、新山水庫等，少數河段更由於當地民眾自主性的護溪，使得河流中的魚類甚至遠超過以往早期的農業社會，相信大家一定非常欣慰。

桃園縣市

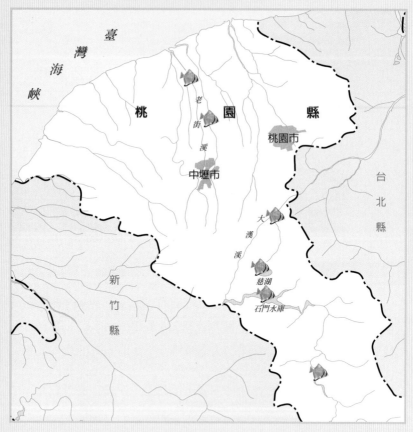

臺灣海峽

桃　園　縣

老街溪

桃園市

中壢市

大漢溪

慈湖

石門水庫

台北縣

新竹縣

●大漢溪

●老街溪

●石門水庫

●慈湖

●塘埤

台灣 淡水魚 地圖

大漢溪

主要河川

【大漢溪】

　　大漢溪發源於3000公尺的高山，源頭沿途有斷壁懸崖、丘陸溪谷地形，層巒疊翠，雲霧裊繞，爲淡水河第一大支流，於巴陸附近與三光溪會合後，稱爲大漢溪，全長135公里，流域面積達1163平方公里。上游爲石門水庫，中游常見魚種有：鯵條、粗首鱲、石鱝、馬口魚、唇鱒、鯽魚、鯉魚、鰕鯱科、慈鯛科、鯰魚、塘虱魚、羅漢魚等，下游則匯入淡水河中。

次要河川

【老街溪】

　　老街溪發源於龍潭鄉，流經平鎮市，長度爲33公里，流域面積爲81平方公里。早年由於繁華發展，工廠大量設立，河川污染嚴重，中游只剩耐嚴重污染之線鱧、慈鯛科、琵琶鼠等外來侵入種，河口附近則以鯔科魚種爲多。

老街溪

水庫湖泊

【石門水庫】

石門水庫完工於民國53年，是台灣光復後，國人自行興建的大型水庫，取大漢溪上游之水源，面積800公頃，水庫呈長條狀，總蓄水量3億立方公尺，最大水深為54公尺，為北部第二大水庫。水庫在建成之前，集水區有廣大的原生林需砍除，但因經費不足而作罷，結果這些沈於水庫的原始林，成為自然的魚礁，為魚類繁殖棲息的最佳水域。水庫活魚遠近馳名，常見魚種有：黑鰱、草魚、青魚、白鰱、鯉魚、鯽魚、鯁魚、高身鯽、鰲條、粗首鱲、唇𩷱、羅漢魚、花鰍、泥鰍、鯰魚、塘虱魚、鱧魚、短吻小鰾鮈、慈鯛科、鰕虎科魚種等。

石門水庫

台灣淡水魚地圖

唇䱗

高體鰟鮍

平頷鱲

草魚

粗首鱲

黑鰱

吉利慈鯛，羅漢魚

青魚

慈湖

些塘埤逐漸失去功用，較大的多為觀光，養殖之用，其它較小的塘埤則隨著時光慢慢消逝。目前桃園的塘埤數量仍數以千計，如霄裡池、紅塘埤、大潭埤、後屋埤、龍潭埤等等，除養殖魚池外，塘埤中魚種多為鯉魚、鯽魚、鰲條、羅漢魚、食蚊魚、花鰍、泥鰍、塘虱魚等。數十年前這些塘埤曾有珍貴的台灣細鯿、青鱗魚、棘鰍、蓋斑鬥魚等，但隨著人口增加，都市不斷擴展，這些珍貴魚兒都已離我們遠去。

【慈湖】

慈湖為人工蓄水池，發源於草嶺山後，分為前後兩湖，兩湖中有小溪相通，早期為三層台地區的重要水源，現以觀光為主，民國64年蔣中正總統安葬於此，現有軍事單位經營整理，環境優美，湖內魚種有：鯉魚、鯽魚、慈鯛科、食蚊魚、塘虱魚、高身鯽、鯰魚、錦鯉等。

【桃園的塘埤】

古老的桃園台地，是淡水河流域流經之地，但淡水河改道後，在低地留下了許多窪地，而旱季河流乾涸，使得早期居民在低地築起塘埤蓄水，最早完工的「龍潭埤」及霄裡的各圳，於乾隆年間完工。桃園台地曾有超過一萬個大小塘埤，而有「千湖縣」的美譽，但石門水庫的完工，這

鯉魚

鰲條

台灣淡水魚地圖

塘埤

棘鰍

羅漢魚

桃園縣市河川簡介

　　流經桃園縣市的共有一條主要河川—大漢溪、五條次河川、六條普通河川、一座水庫，以及數以千計的塘埤。近年來由於桃園縣市工業發展，及國際機場帶動繁榮，人口增加，都市不斷擴展，使得各項污染也日益嚴重，例如：發源於九座寮附近的南崁溪，已成為不折不扣的黑龍江，沒有生物能生存其中，只有在桃園塘埤發現的棘鰍，可能早已滅絕，這些都是文明發展所需付出的代價嗎？大地，何罪之有？

　　石門水庫是本縣市唯一的水庫，但也是北部第二大的水庫，其中涵養的魚蝦眾多，是桃園重要的生態指標，亦可發現許多水庫湖泊型魚種。

新竹縣市

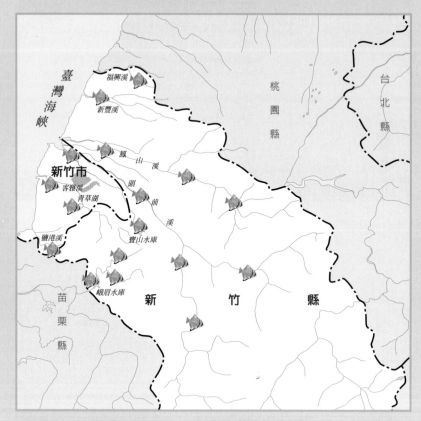

臺灣海峽

福興溪
新豐溪
鳳山溪
新竹市
客雅溪
青草湖
頭前溪
鹽港溪
寶山水庫
峨眉水庫
新　竹　縣

桃園縣
台北縣
苗栗縣

●頭前溪
●鳳山溪
●鹽港溪
●客雅溪
●新豐溪
●福興溪
●寶山水庫
●大埔水庫
●青草湖

頭前溪

主要河川

【頭前溪】

頭前溪發源於雪山山脈的鹿場大山，水系單純，主要支流為上坪溪、油羅溪，兩溪於竹東匯合，流域面積565平方公里，主流長63公里，屬於較短的河川，使魚類的活動空間較小，因而抑制了魚群數量及大小。中、上游常見魚種為：台灣石鮒、台灣馬口魚、台灣鏟頷魚、花鰍、高體鰟鮍、羅漢魚、台灣纓口鰍等魚種，也曾有過飯島氏銀鮈之紀

頭前溪中游

錄。

於竹東匯流之頭前溪，長約24公里，下游與鳳山溪平行，流經新竹縣五峰鄉、橫山鄉、芎林鄉、尖石鄉、竹北市、新竹市，於南寮港附近與鳳山溪匯流，注入台灣海峽，下游水流較為緩

鳳山溪

和，河川較寬，深潭較多，較利於魚類棲息成長，種類較多，有鯽魚、鯉魚、鯰魚、平頜鱲等，下游至出海口污染嚴重，多為廣鹽性魚種，常見的有：大鱗鯔、斑海鯰、條紋雞魚、慈鯛科魚種等。

次要河川

【鳳山溪】

鳳山溪發源於1300公尺的雪山山脈，由霄裡溪與馬武督溪兩大支流匯合，屬於丘陵型流域，主流長46公里，為湖口台地與新竹平原之分界，流域面積258平方公里。上游魚種單純，多為台灣馬口魚及台灣石鱝，中游流經湖口台地及飛鳳山丘陵，常見魚種有：平頜鱲、粗首鱲、鯽魚、鰲條、羅漢魚、慈鯛科魚種，下游為交錯綜橫的分支及主流，流經新竹平原，於南寮港與頭前溪匯流後，注入台灣海峽。下游污染嚴重，多為鯔科及慈鯛科的天下，其它廣鹽性魚種有灰鰭鯛、虱目魚、雙邊魚等。

飯島氏銀鮈

唇䱥

台灣間爬岩鰍

南方溝 鰕鯱

鳳山溪

普通河川

【鹽港溪】

鹽港溪發源於寶山鄉，流域呈東西走向，主流長度12公里，流域包含新竹縣寶山鄉及新竹市、苗栗縣竹南鎮，流域面積40平方公里。中游魚種為：鯽魚、鯉魚、塘虱魚、線鱧等，下游多為廣鹽性魚種，如：鰡科、慈鯛科、鰕虎科、雙邊魚、曳絲鑽嘴魚、彈塗魚等。

【客雅溪】

客雅溪由上游之洽水溪及三條坑溪匯流而成，主流長度25公里，流域面積45平方公里，占寶山鄉2/3以上，中游魚種以鯽魚、鰲條、鯉魚、羅漢魚及慈鯛科魚

彈塗魚

極樂吻鰕虎

鹽港溪下游

種最為常見，下游出海口形成金城湖，為一調節水位之人工潟湖。全為廣鹽性魚類，常見魚種有：慈鯛科、鯔科、金錢魚、條紋雞魚、雙邊魚、鑽嘴魚、虱目魚等。

【新豐溪】

新豐溪上游由北勢溪、德盛

溪等小溪匯集，是一荒溪型的溪流，因河段短促，無雨時河床乾涸，大雨時溪水暴漲，中游有茄苳溪及中崙溪注入，魚種單純，以鯽魚及慈鯛科魚種為主，下游由紅毛港出海；皆為廣鹽性魚種，如：鯔科、虱目魚及彈塗魚等。

客雅溪

雙邊魚

褐吻鰕虎

新豐溪

慈鯛科

　　福興溪發源於楊梅鎮，為一平原河川，主流長度為15公里，流經楊梅鎮、新屋鄉、湖口鄉、新豐鄉，流域面積達42平方公里。常見魚種有：鯽魚、線鱧、花鰍、塘虱魚、慈鯛科魚種；出海口多為鯔科及虱目魚等。

福興溪

塘虱魚

花鰍

寶山水庫

水庫湖泊

【寶山水庫】

　　寶山古稱「草山」，因古人見叢山峻嶺、亂草叢生而命之，民國70年間興建，四年後完工，是由頭前溪的上游竹東圳引水而入，集水面積爲3.2平方公里，水庫沒有大壩，爲離槽式水庫，規模不大，兼具工業用水及灌溉飲用之功能。潭水呈青綠色，水庫爲長條狀，湖面上設立兩座吊橋，風景優美，適合全家出遊。

　　水庫常見魚種：鯵條、粗首鱲、鯽魚、食蚊魚、鯉魚、短吻小鰾鮈、革條副鱲、慈鯛科魚種等。

鯽魚

革條副鱲

【大埔水庫】

　　大埔水庫又稱峨眉湖，水源為截取峨眉溪上游引入，集水面積為100平方公里，主要供應灌溉及工業用水，水庫長近100公尺、高25公尺，有吊橋銜接兩岸，湖中有許多長滿植物的小島，湖光山色，群山圍繞，成為鄰近居民休閒的最佳去處。

　　水庫中常見魚種：外來種慈鯛科、鯊條、褐吻鰕虎、極樂吻鰕虎、鯽魚、花鰍、鯉魚、羅漢魚、高體鰟鮍等等。

高體鰟鮍

褐吻鰕虎

青草湖

【青草湖】

青草湖在百年前是一座小湖，百年來曾多次修建，民國45年正式完工，是台灣最古老的水庫，也是台灣十八景之一。曾有詩曰「山青草碧映明湖，隔岸溪煙半有無；何處梵鐘驚曉夢，蘭橈欸乃水雲都。」為新竹首席風景名勝，當年集水區廣達30平方公里，灌溉面積600公頃，但近年來，上游未做好水土保持，長年泥沙淤積，民國80年新竹市接管時，已功能盡失，成為台灣最短命的水庫。

青草湖常見魚種有：鯽魚、

高身鯽

紅鰭鮊

高身鯽、紅鰭鮊、塘虱魚、食蚊魚、慈鯛科魚種等等。

宜蘭縣市

台北縣

桃園縣

龍潭湖

雙連埤
宜蘭河
太湖埤
宜蘭市
太陽埤
陽
九芎湖
羅
冬山河
溪
梅花湖
東
新城溪
溪
蘇澳溪

新竹縣

宜　蘭　縣

太
平

南
澳
北
溪

南澳溪

洋

台中縣

和平溪

花　蓮　縣

●蘭陽溪	●新城溪
●羅東溪	●雙連埤
●冬山河	●龍潭湖
●宜蘭河	●大湖埤
●南澳溪	●太陽埤
●南澳北溪	●九芎湖
●蘇澳溪	●梅花湖

蘭陽溪

主要河川

【蘭陽溪】

蘭陽溪發源於海拔3740公尺的南湖大山北麓，主要支流有羅東溪、宜蘭河，冬山河等，平均年降雨日有220天，豐沛的雨量使蘭陽溪的水量源源不絕。蘭陽溪長度為73公里，流域面積979平方公里，整個水系佈滿蘭陽平原，四通八達，出海口有蘭陽溪口野鳥保護區，是台灣十二大濕地之一。

蘭陽溪中、上游常見魚種有馬口魚、鯝魚、高身鯝魚、粗首鱲、鯽魚、鯉魚、高身鯽、羅漢魚、唇䱀、慈鯛科、鰕鯱科、褐塘鱧、台灣間爬岩鰍、台灣纓口鰍、脂鮡、鯰魚等，稀有魚種為菊池氏細鯽。下游常見魚種有：鯉魚、鯽魚、慈鯛科、鰕鯱科、鯔科、琵琶鼠、塘虱魚、日本禿頭鯊、褐塘鱧等。

蘭陽溪主要支流

【羅東溪】

羅東溪發源於鳥帽山與大元山，全長21公里，於四方林附近與上游之打狗溪與番社溪交匯後，向北注入蘭陽溪。常見魚種有：粗首鱲、鮈魚、鯽魚、鯉魚、馬口魚、花鰍、羅漢魚、慈鯛科、蝦虎科、褐塘鱧、日本禿頭鯊等魚種。珍稀魚種爲擬鯉短塘鱧和無孔塘鱧等。

馬口魚

冬山河

【冬山河】

冬山河發源於新寮山，順著冬山鄉流向東北，再北流匯入蘭陽溪，注入太平洋，全長24公里，流域面積113平方公里，早期由於沿岸地勢低窪，常有水患，民國71年水利局著手整治，目前

冬山河已是相當人工化的河流，也是宜蘭著名景點，由於過度人工化的結果，使得魚類自然棲地破壞嚴重。目前水域內常見魚種有：慈鯛科、鯔科、琵琶鼠、鯽魚、鯉魚、食蚊魚、鯰魚、羅漢魚等。

羅東溪

溪鱧

湯鯉

花鰍

琵琶鼠

大鱗鯔

日本禿頭鯊

【宜蘭河】

宜蘭河發源於大、小礁溪山，是由大、小礁溪、五十溪等支流匯集而成，流域面積17.5平方公里，全長25公里，於蘭陽溪口出海。常見魚種有鯉魚、鯽魚、花鰍、鯰魚、羅漢魚、慈鯛科、粗首鱲，河口則有白鰻、鯔科、雙邊魚科、花身雞魚、鰕鯱科等魚種。

宜蘭河

次要河川

【南澳溪】

南澳溪發源於三星山，長度48公里，流經宜蘭縣南澳鄉、蘇澳鎮，流域面積311平方公里，於南澳出海，注入太平洋。

常見魚種有：鯝魚、馬口魚、鯽魚、鯉魚、蝦虎科、慈鯛科、鯔科、羅漢魚、湯鯉科、褐塘鱧等。

【南澳北溪】

南澳北溪發源於大元山間，屬於大南澳溪支流，長度為31公里，流域面積達13平方公里，溪水清澈無污染，宜蘭縣政府將其規劃為「自然魚類資源保護區」，魚種有：鯝魚、台灣間爬岩鰍、台灣纓口鰍、脂鮠、鯰魚、鯽魚、鯉魚、蝦虎科等。

【蘇澳溪】

蘇澳溪發源於西帽山，支流有白來溪，長度為9公里，其流經宜蘭縣蘇澳鎮，流域面積29平方公里，注入蘇澳港。

常見魚種有鯽魚、鯉魚、粗首鱲、鯰魚、石鱝、蝦虎科、慈鯛科、褐塘鱧、塘虱魚、羅漢魚、花鰍等。

南澳溪

南澳北溪

花鰍

台灣間爬岩鰍

台灣纓口鰍

褐吻鰕虎

【新城溪】

新城溪發源於蘭崁山，主要水源來自上游的武荖坑溪，長度為18公里，流域面積50平方公里。上游水質清澈，常見魚種為：鯝魚、馬口魚、粗首鱲、鯽魚、鯉魚、七星鱧、塘虱魚、鯰魚等，出海口於無尾港附近，由於工業區排放劇毒污水，使得魚種稀少，也阻礙了洄游性魚類的未來。

鯽魚

鯉魚

新城溪

蘇澳溪

塘虱魚

鯝魚

粗首鱲

綠鰻

湖　泊

【雙連埤】

雙連埤位於宜蘭縣員山鄉湖西村，海拔470公尺，面積約9.2公頃，是兩座分離的塘埤，豐水期時，水滿溢出，兩塘埤相連而稱「雙連埤」，雙連埤稱得上是最重要的內陸濕地，孕育多樣性的生物，水生植物超過91種，佔全台灣三分之一強，其中更棲息著珍貴罕見的魚種：青鱂魚、菊池氏細鯽、蓋斑鬥魚，但由於當地居民墳土與湖爭地的結果，這些珍貴的魚兒即將從牠們的產地中消失。

除了上述三種極為罕見的魚類，其它魚種有：馬口魚、鯽魚、鯉魚、羅漢魚、食蚊魚、高體鰟鮍、革條副鱊等。

龍潭湖

【龍潭湖】

龍潭湖位於礁溪龍潭村，三面環山，又稱「大陂湖」，面積17公頃，水深4.5公尺，是宜蘭最大的湖泊。常見魚種：馬口魚、粗首鱲、鯽魚、花鰍、塘虱魚、羅漢魚、食蚊魚、慈鯛科魚種、高體鰟鮍、革條副鱊等，早年曾有圓吻鯝的紀錄，現可能已滅絕。

【大湖埤】

大湖埤位於宜蘭縣員山鄉，又名「天鵝湖」，面積6.8公頃，由於風景優美、湖面寬廣，目前被開發為遊樂區。常見魚種為：錦鯉、鯉魚、高身鯽、鯽魚、羅漢魚、草魚、食蚊魚、高體鰟鮍、革條副鱊、七星鱧、塘虱魚。

雙連埤

菊池氏細鯽

高體鰟鮍

羅漢魚

高身鯽

大湖埤

【太陽埤】

太陽埤位於員山鄉內城村，為長條型埤，三面環山，水位深，變化大，主要源頭來自雨水與地下水。常見魚種有：錦鯉、草魚、青魚、鯉魚、高身鯽、高體鰟鮍、鯽魚、革條副鱊、食蚊魚、慈鯛科魚種等。

太陽埤

【九芎湖】

九芎湖位於宜蘭縣三星鄉，是人工蓄水池，做為調節水量之用，是天送埤發電廠的蓄水池，面積不大，只有2.3公頃，湖畔的相思林道，及岸邊的蘆葦叢，使這個小湖相當精緻，常見魚種有青魚、草魚、鯉魚、鯽魚、高身鯽、慈鯛科、高體鰟鮍、革條副鱊、食蚊魚、琵琶鼠等魚種。

青魚

草魚

【梅花湖】

梅花湖位於宜蘭縣冬山鄉，原名大埤，三面環山，面積18.2公頃，屬天然湖泊，湖中有一小島，有吊橋相連接，景觀優美，常見魚種有鯉魚、草魚、鯽魚、青魚、羅漢魚、高體鰟鮍、食蚊魚、革條副鱊、慈鯛科魚種等。

九芎湖

鯽魚

鯉魚

梅花湖

宜蘭縣市河流簡介

　　宜蘭地區自上次冰河時期過後，與北部和中部地區的水系區隔，主要河川為蘭陽溪水系，因此以雪山山脈和淡水河流域相鄰，東邊則以中央山脈為分界，本區降雨量為全國之冠，也為蘭陽溪水系帶來源源不絕的泉源。

　　蘭陽溪的主要支流有羅東溪、宜蘭河、冬山河等，而宜蘭的次要河川有南澳南溪、南澳北溪、白米溪、蘇澳溪、新城溪等，湖泊相當具多樣性，大多尚未被破壞，不同於泰半污染嚴重的桃園塘埤，這可說是台灣最後一塊淨土，但生存於宜蘭地區的菊池氏細鯽、青鱂魚、蓋斑鬥魚、圓吻鯝、擬鯉短塘鱧及無孔塘鱧等珍稀魚種，已漸漸消失，我們若再不珍惜這塊淨土，待北宜高速公路通車後，遲早會變成桃園的翻版。

苗栗縣市

臺灣海峽

新竹縣

峨眉溪

中港溪
永和山水庫
劍潭水庫
後龍溪
明德水庫
西湖溪
苗栗市
南河

八卦力溪
汶水溪
苗 栗 縣
大湖溪

鯉魚潭水庫

台 中 縣

台灣
淡水魚
地圖

後龍溪

主要河川

【後龍溪】

後龍溪發源於鹿場大山，主要由汶水溪、桂林竹溪、大湖溪等三大支流匯合而成，向西流入苗栗平原，由後龍出海，河流長度為58公里，共流經後龍鎮、苗栗市、頭屋鄉、銅鑼鄉、獅潭鄉等地區，流域面積537平方公里。

後龍溪魚種有：鯝魚、馬口魚、石䲥、粗首鱲、鰲條、羅漢魚、紅鰭鮊、高體鰟鮍、短吻小鰾鮈、脂鮠、鯰魚、線鱧、鯉魚、鯽魚、花鰍、台灣間爬岩鰍、台灣纓口鰍、鱧魚、塘虱魚、琵琶鼠、高身鯽、慈鯛科、蝦鯱科等，河口則以鯔科、慈鯛科、雙邊魚科等最為常見。

鰲條

85

後龍溪主要支流

【汶水溪】

汶水溪發源於樂山與加里山之間，切穿加里山山脈後，與八卦力溪會合，流入後龍溪，長度約20公里，河水清澈無污染，魚種有鯝魚、石鱝、馬口魚、粗首鱲、台灣纓口鰍、台灣間爬岩鰍、花鰍、脂鮥、鯰魚、羅漢魚、極樂吻鰕虎、褐吻鰕虎等。

【八卦力溪】

八卦力溪發源於八卦力山和加里山間的山谷，是汶水溪的最大支流，和汶水溪同為泰安鄉最佳溪流生態教室，全長僅八公

鱸鰻

里，但充滿豐富的水中生物，是泰雅族的傳統漁獵區，2001年開始封溪、保護溪中的生物，目前成效顯著，水中成群的魚類群游，四月至十月開放垂釣。魚種有粗首鱲、石鱝、鯝魚、馬口魚、鰲條、台灣間爬岩鰍、花鰍、脂鮥、鯰魚、白鰻、鱸鰻等。

八卦力溪

石𩷱

台灣纓口鰍

汶水溪

【大湖溪】

　　大湖溪發源於中央山脈之盡尾山，溪水清澈，全長20公里，是後龍溪的三大支流之一，於大湖鄉注入後龍溪。常見魚種：鯝魚、台灣間爬岩鰍、台灣纓口鰍、褐吻鰕虎、極樂吻鰕虎、花鰍、馬口魚、石鱝、粗首鱲、鯽魚、鯉魚、脂鮸等。

大湖溪

鯝魚

馬口魚

台灣間爬岩鰍

鯽魚

粗首鱲

次要河川

【中港溪】

中港溪發源於加里山脈鹿場大山，經由南庄、三灣、頭份到竹南、造橋，出海注入台灣海峽，全長54公里，支流有峨眉溪、南庄溪、南港溪等，流域面積為418平方公里，土壤豐腴、水力充沛，自斗煥坪以上水量豐沛，斗煥坪以下沿流帶來的泥沙，沖積形成竹南平原，出海口有紅樹林濕地。

中港溪中、上游魚種有：鯝魚、馬口魚、台灣間爬岩鰍、台灣纓口鰍、沙鰍、鯉魚、脂鮡、鯰魚、羅漢魚、草魚、慈鯛科、鰕虎科，下游魚種有鯽魚、高身鯽、粗首鱲、花鰍、鰕虎科、鯔科、雙邊魚科、花身雞魚、斑海鯰等魚種。

鯰魚

高身鯽

中港溪

【西湖溪】

　　西湖溪發源於關刀山及祭凸山，流域內山多田少，涵蓋銅鑼、西湖、三義、後龍，流域面積110平方公里，縱貫苗栗丘陵，至西湖鄉由後龍港，注入台灣海峽，全長32公里。

　　西湖溪魚類繁多，自三義以後污染嚴重直至出海口，魚種多以耐污染魚種為主。中、上游魚種有：馬口魚、石鱝、粗首鱲、鯽魚、鯉魚、七星鱧、高身鯽、食蚊魚、紅鰭鮊、琵琶鼠、慈鯛科、高體鰟鮍、革條副鱊、花鰍、脂鮠、白鰻、鯰魚、線鱧、鱧魚、塘虱魚、草魚、羅漢魚

白鰻

鱧魚

等，下游至出海口魚種：鯽魚、慈鯛科、鰕鯱科、琵琶鼠、鯔科、雙邊魚科魚種等。

西湖溪

支 流

【南河】

　　南河發源於雪山山脈之加里山西麓，主要支流有小東河、大東河、大滿河及八卦力溪，全長13公里，全段水量充沛，水質清澈，於南庄後入注中港溪，魚種有鯝魚、香魚、粗首鱲、石鰭、馬口魚、鯽魚、脂鮠、花鰍、羅漢魚、鰲鰷、七星鱧、鯉魚及高身鯽等。

【峨眉溪】

　　峨眉溪發源於五指山西麓，主要支流有石井溪、石子溪、大湖溪及大坪溪，是中港溪第一大支流，全長16公里，注入大埔水庫，常見魚種：粗首鱲、鰲鰷、短吻鐮柄魚、鯽魚、鯉魚、花鰍、塘虱魚、羅漢魚、高體鰟鮍、革條副鱊、線鱧等。

南河

峨眉溪

脂鮠

石鰭

91

水庫湖泊

【明德水庫】

明德水庫位於苗栗縣頭屋鄉，是引後龍溪支流老田寮溪溪水而成，是苗栗縣第一座多功能水庫，也是苗栗地區休閒的好去處，水庫集水區面積為61平方公里，屬地域性中型水庫，滿水位面積為1.62平方公里。水庫中的魚種有：黑鰱、白鰱、青魚、草魚、鯉魚、鰲條、高身鯽、翹嘴紅鮊、鯽魚、羅漢魚、慈鯛科、蝦鯱科、花鰍、泥鰍、食蚊魚、鱧魚、琵琶鼠、高體鰟鮍、革條副鱗等魚種。

青魚

翹嘴紅鮊

明德水庫

台灣淡水魚地圖

【鯉魚潭水庫】

鯉魚潭水庫位於大安溪支流、景山溪三櫃坑附近,於民國86年完工,是十四項建設之一,集水區面積53平方公里,滿水位面積4.3平方公里,除了供應下游三義、苑裡等地用水外,最主要是在提供大台中地區各項用水。常見魚種有:紅鰭鮊、鯉魚、高身鯽、慈鯛科魚種、青魚、草魚、黑鰱、白鰱、鰲條、鱧魚、羅漢魚、鰕鯱科、花鰍、泥鰍、食蚊魚、琵琶鼠、高體鰟鮍、革條副鱊等魚種。

紅鰭鮊

鰲條

鯉魚潭水庫

93

　　永和山水庫位於苗栗縣三灣鄉永和村，是地區性的中型水庫，主要水源是引中港溪上游的南庄溪，集水區面積為4.8平方公里，滿水位面積為1.6平方公里，主要供應新竹及苗栗的民生工業用水。

　　永和山水庫魚種：紅鰭鮊、粗首鱲、鰲條、青魚、草魚、黑鰱、白鰱、鯉魚、高身鯽、慈鯛科、蝦虎科、鯽魚、鱧魚、高體鰟鮍、高身鯽、食蚊魚等。

劍潭水庫

【劍潭水庫】

　　劍潭水庫位於苗栗縣造橋鄉大龍村，是以灌溉為主的區域性迷你水庫，水庫原為一深潭，後引南港溪水源為主要水源，集水區面積為42平方公里，滿水位面積為200平方公尺。水庫中魚種有：慈鯛科、蝦虎科、鯉魚、鯽魚、鰲條、高身鯽、羅漢魚、紅鰭鮊、高體鰟鮍、花鰍、琵琶鼠、塘虱魚、鱧魚等。

永和山水庫

台灣淡水魚地圖

鱧魚

草魚

琵琶鼠

黑鰱

苗栗縣市河川湖泊簡介

　　苗栗縣位於台灣中北部西側，境內多為起伏的山峰丘陵，南有大安溪為界，北有中港溪，本區山脈與水系走向皆為東北向西南，受到地形影響，水系多為格子狀水系。主要河川有後龍溪，及其支流汶水溪、大湖溪，次要河川有西湖溪、中港溪及其支流南河、峨眉溪。本縣境內有四座水庫，分別為境內第一座多目標中型水庫──明德水庫，供應大台中主要水源──鯉魚潭水庫，地區性中型水庫──永和山水庫，以及以地區灌溉為主的迷你水庫──劍潭水庫。

台中縣市

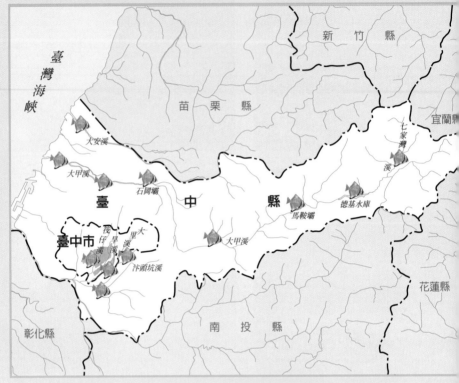

●大安溪
●大甲溪
●七家灣溪
●筏仔溪
●旱溪
●大里溪
●頭汴坑溪
●德基水庫
●石岡壩
●馬鞍壩

大安溪

主要河川

【大安溪】

大安溪源於雪山山脈大霸尖山西麓，其支流有北坑溪、南坑溪、大雪溪、雪山溪、馬達拉溪等，以後兩條支流的水量最為豐沛，集水區廣大，晨昏雲霧籠罩，河谷險峻，在卓蘭之後，開始進入丘陵區，大安溪從這裡開始向西北方向流去，在苑裡注入台灣海峽，流域面積758平方公里，共流經三義、苑裡、卓蘭、泰安，全長96公里。

大安溪上游魚種：鯝魚、馬口魚、石䲖、台灣間爬岩鰍、台灣纓口鰍、褐吻鰕虎、極樂吻鰕虎。

中游魚種：馬口魚、粗首鱲、花鰍、脂鮠、石䲖、鰕虎科、鯰魚、鰲條、羅漢魚、塘虱

蓋斑鬥魚（幼魚）

魚、高體鰟鮍、革條副鱊、鯽
魚、鯉魚、線鱧、鱧魚、七星
鱧。

下游河口區魚種有慈鯛科、
蝦虎科、食蚊魚、高身鯽、鯽
魚、鯔科、雙邊魚科、花身雞
魚、虱目魚、斑海鯰等。

條紋二鬚魶

【大甲溪】

大甲溪源於中央山脈之南湖
大山與雪山山脈，上游由七家灣
溪、司界蘭溪、合歡溪等匯流成
為大甲溪，在谷關之前是峽谷地
形，由於山壁陡峭，所以適合建
造水庫，有德基水庫、青山壩、
谷關壩等設立於此，亦有小雪
溪、稍來溪、馬崙溪、鞍馬溪、
十文溪等支流匯集。

過谷關後，河谷漸漸開闊，
水流較緩，並匯入東卯溪、阿寸
溪、麻竹坑溪、橫流溪等支流，
於白冷設有天輪電廠，大甲溪由
此向北流，於東勢西行，穿過后
里台地與大肚台地，形成大甲溪
沖積扇平原，在大安鄉出海，全
長124公里，流經梨山、佳陽、德
基、谷關、白冷、東勢、石岡等
地區，流域面積1236平方公里，
全長124公里，上游常見魚種有：
鯝魚、石𩼧、馬口魚、台灣間爬
岩鰍、台灣纓口鰍、褐吻蝦虎、
極樂吻蝦虎等，珍貴魚種有櫻花
鉤吻鮭、台灣鯝
等，中、下游魚
種有：粗首鱲、
鯽魚、鯉魚、花
鰍、蝦虎科，高
身鯽、慈鯛科、
鯔科等。

大甲溪

台灣
淡水魚
地圖

98

櫻花鉤吻鮭

台灣䱹

大安溪

主要支流

【七家灣溪】

七家灣溪是大甲溪上游支流，水質乾淨無污染，水溫低於17度，共計七公里，河段內有台灣的國寶魚「櫻花鉤吻鮭」，自八十四年起，雪霸國家公園即開始保育國寶魚，目前族群量大多維持在2000～3000尾的範圍，全世界鮭魚分布最南界即屬台灣與

櫻花鉤吻鮭

墨西哥，目前七家灣溪內的魚種有：櫻花鉤吻鮭、鯝魚、台灣纓口鰍、褐吻鰕虎、極樂吻鰕虎。

七家灣溪

線鱧

鱎條

【筏仔溪】

　　筏仔溪發源於大雅鄉，長度約為14公里，屬於烏溪之中、下游支流，流域內全為開發區，但本溪水質有時清澈，可能與密度較高的水草有關，魚類及數量皆豐富，常見魚種有：慈鯛科、食蚊魚、花鰍、鯉魚、高身鯽、鯽魚、鱎條、蝦虎科、琵琶鼠、鱧魚、線鱧。

【旱溪】

　　旱溪發源於新社鄉西麓，長度約17公里，於大里與大里溪匯合，流入烏溪，水質較差，一般魚種有：慈鯛科、琵琶鼠、花鰍、食蚊魚、鯉魚、鯽魚、線鱧、高身鯽、鱧魚。

筏仔溪

旱溪

極樂吻鰕鯱

【大里溪】

　　大里溪發源於台中大坑山區，全長13公里，上游清澈未受污染，魚種有：粗首鱲、石䱨、馬口魚、花鰍、鯰魚、鰕鯱科、泥鰍、鯽魚、鯉魚、塘虱魚等，下游污染嚴重，魚種有：慈鯛科、琵琶鼠、鯽魚、鯉魚、線鱧、食蚊魚等魚種。

【頭汴坑溪】

　　頭汴坑溪發源於南投與台中交界的大橫屏山，上游支流有東汴坑溪及中坑溪等，長度為18公里，上游水質清澈，至大里與大里溪匯流，注入烏溪。常見魚種有：粗首鱲、馬口魚、石䱨、鯰魚、塘虱魚、極樂吻鰕鯱、褐吻鰕鯱、花鰍、鯽魚、鯉魚、羅漢魚、慈鯛科魚種等。

頭汴坑溪

大里溪

台灣
淡
水
魚
地
圖

水庫湖泊

【德基水庫】

德基水庫是由台電所建，阻攔大甲溪上游之水量，集水區面積為514平方公里，大壩建於海拔1230公尺高的河床，水庫主要供應中部地區，是座大型水庫，水質冰冷，是台灣最清澈的水域，透明度達6公尺。常見魚種有：鯉魚、鯽魚、高身鯽、黑鰱、白鰱、青魚、草魚、馬口魚、鯝魚、石鱝、鯰魚、蝦虎科等魚種。

草魚

黑鰱

德基水庫

【石岡壩】

石岡壩位於台中縣石岡鄉，集水面積1061平方公里，是供應中部地區用水的小型壩，位於大甲溪下游，水源來自上游水庫後段的天然流量，魚種豐富。常見魚種有：鯽魚、馬口魚、鯝魚、鯉魚、草魚、石𩼧、高身小鰾鮈、花鰍、脂鮠、鯰魚、塘虱魚、鰕虎科、慈鯛科、食蚊魚、台灣纓口鰍等。

馬鞍壩

【馬鞍壩】

馬鞍壩為大甲溪最晚設置之水壩，位於天輪發電廠下游一公里處的河谷中，施工時加入了魚道的設計，集水面積916平方公里。常見魚種有：鯝魚、馬口魚、鯽魚、鯉魚、石𩼧、台灣纓口鰍、脂鮠、花鰍、鯰魚等。

石岡壩

赤斑吻鰕鯱

脂鮸

馬鞍壩

台中縣市河川簡介

　　本縣市之主要河川有大甲溪及大安溪，主要支流有筏仔溪、旱溪、頭汴坑溪、大里溪、七家灣溪，大安溪為台中與苗栗縣的界河，發源於雪山山脈，流域坡降陡峻，水流湍急，流域面積達758平方公里；另一條主要河川大甲溪，發源於中央山脈，流域面積達1235平方公里，上游的七家灣溪更是國寶魚的棲息地，豐沛的水量供應大甲溪水力發電廠群的資源利用，沿途設有德基水庫、青山壩、谷關水庫、天輪壩、馬鞍壩、石岡壩等，是台灣水力發電的重心，也是水力資源蘊藏最豐富的河川。

彰化縣市

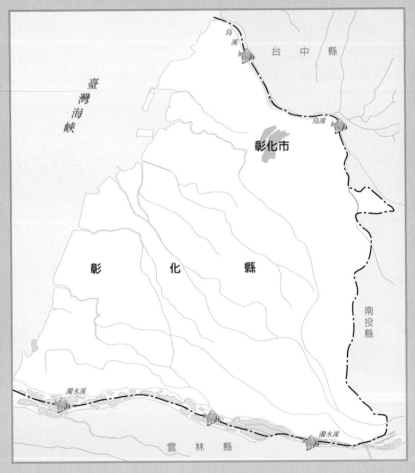

臺灣海峽

台中縣

烏溪

烏溪

彰化市

彰　化　縣

南投縣

濁水溪

雲林縣

濁水溪

●烏溪下游
●濁水溪下游

烏溪下游

主要河川

【烏溪下游】

　　烏溪發源於合歡山西麓，大部份流域面積皆於南投縣境內，只有下游由草屯雙冬附近進入平原流入彰化出海，是台灣第六大河川，流域面積3062平方公里，全長117公里，出海口為亞洲四大濕地之一的大肚溪口野生動物保護區。

白鰻

　　流經本縣市的烏溪下游常見魚種有：粗首鱲、石𩷱、馬口魚、高身小鰾鮈、羅漢魚、花鰍、陳氏鰍鮀、鯰魚、塘虱魚、鯽魚、鯉魚、高身鯽、琵琶鼠、慈鯛科魚種、鰕鯱科魚種、脂鮠，偶爾可見白鰻，珍稀魚種有鱸鰻、台灣鮰，出海口以鯔科、雙邊魚科、彈塗魚、斑海鯰等為主。

107

【濁水溪下游】

濁水溪發源於中央山脈之合
歡山脈,是台灣第一大河川,水
源於霧社、武界兩地水庫後,與
萬大南溪交匯,過日月潭後再匯
入陳有蘭溪及清水溪兩大支流,
流域大部份於南投境內,匯集清
水溪的水量後,始進入彰化縣二
水,此後流入平原,於彰化出
海,流域面積3155平方公里,全
長186.4公里。濁水溪的含沙量相
當高,是其它河川的10倍以上,
因而得名,下游部份以至出海口

常見魚種有:粗首鱲、鯽魚、鯉
魚、羅漢魚、花鰍、脂鮠、馬口
魚、鱉條、食蚊魚、琵琶鼠、慈
鯛科、鰕虎科、鯔科、雙邊魚
種、鑽嘴魚、彈塗魚、斑海鯰、
印度牛尾魚等。

斑海鯰

濁水溪下游

花鰍

慈鯛科

雙邊魚

彰化縣市河川簡介

　　彰化縣市境內除了烏溪、濁水溪兩大河川外，亦有許多一般河川及支流，如舊濁水溪、漢堡溪、後港溪、二林溪、魚寮溪，以及人工渠道，如：八堡圳、洋子厝排水溝、番雅排水溝等，但由於工業過度發展，各種大型工業進駐，使得這些流動緩慢的平原河川，嚴重污染，早已變成黑色，連溪底的爛泥、石頭及堤防都成了黑色，刺鼻的惡臭讓人作嘔，除出海口偶有鯔科魚種外，河水中已無生命可存活，這是我們在經濟發展的同時，所必須付出的代價。

南投縣市

台中縣
台中市
北港溪
彰化縣
烏溪
眉溪
萬大水庫
貓羅溪
南　　投　　縣
武界水庫
白月潭
集集攔河堰
頭社水庫
水　　溪
卡社溪
濁　　
清　水　溪
東埔蚋溪
丹　大　溪
雲林縣
陳有蘭溪
花蓮縣

- 烏溪
- 貓羅溪
- 北港溪
- 眉溪
- 濁水溪
- 清水溪
- 陳有蘭溪
- 東埔蚋溪
- 丹大溪
- 卡社溪
- 集集攔河堰
- 日月潭
- 萬大水庫
- 武界水庫
- 頭社水庫

烏溪

主要河川

【烏溪】

烏溪發源於合歡山西麓，海拔3416公尺，上游地勢陡峻，山高谷深，流經霧社、埔里，往西流入草屯，進入平原地帶，最後由台中港入台灣海峽，全長116.8公里，為台灣第六大河川，流域面積3062平方公里，上游支流有貓羅溪、北港溪、眉溪、大里溪、旱溪、筏仔溪等。

烏溪中、上游常見魚種有鯝魚、粗首鱲、石鱝、馬口魚、台灣纓口鰍、台灣間爬岩鰍、泥鰍、花鰍、羅漢魚、鯽魚、鯉魚、草魚、高身鯽、鱉條、鯰魚、鱧魚、高身小鰾鮈、短臀鮠、高體鰟鮍、革條副鱎、慈鯛科、蝦虎科等。

珍稀魚種：台灣鮰、陳氏鰍鮀、埔里中華爬岩鰍、鱸鰻、台灣白魚、條紋二鬚鈀等。

烏溪主要支流

【貓羅溪】

　　貓羅溪發源於南投縣之集集大山，往西北流入八卦山脈東麓，於台中縣烏日鄉附近注入大肚溪之中，全長34公里。常見魚種有石䱻、馬口魚、粗首鱲、花鰍、鯽魚、鯉魚、鯰魚、鱧魚、線鱧、塘虱魚、羅漢魚、蝦虎科魚種等。珍稀魚種有鱸鰻等。

【北港溪】

　　北港溪發源於中央山脈、梨山南麓，由3000公尺的高山

北港溪

貓羅溪

下行，侵蝕、切鑿出陡峻的峽谷地形，於南投縣國姓鄉與南港溪匯流成為烏溪的上游支流，全長46公里。常見魚種有：鯝魚、石䱻、馬口魚、粗首鱲、鯉魚、鯰魚、鯽魚、羅漢魚、台灣鮡、蝦虎科、鰲條、花鰍、塘虱魚，珍貴魚種有埔里中華爬岩鰍、鱸鰻等。

【眉溪】

　　眉溪發源於北東眼山東麓，一路向西流下，切割成峽谷地形，全長31公里，於埔里注入烏溪上游支流─南港溪。常見魚種有：鯝魚、粗首鱲、石䱻、鯰魚、台灣鮡、蝦虎科、台灣纓口鰍、花鰍、羅漢魚等，珍貴魚種有：鱸鰻、台灣白魚、台灣鮰、陳氏鰍鮀、埔里中華爬岩鰍等。

台灣鮰

陳氏鰍鮀

塘虱魚

埔里中華爬岩鰍

眉溪

脂鮠

台灣白魚

主要河川

【濁水溪】

濁水溪發源於合歡山山麓的武嶺鞍部，水源於山谷中匯集後，進入奇萊山與合歡山間的谷地，與流經盧山的支流匯合，注入萬大水庫，流出之溪流，再度經過武界水庫的發電，往南流，其間與支流丹大溪、郡巒大溪、萬大溪匯集，轉向西流，於二水出山谷地，進入平原地區，於大海墘厝出海，全長186公里，主要支流有清水溪、陳有蘭溪、東埔蚋溪，流域面積3155平方公里，為台灣第一大溪。

本流域常見魚種：鯝魚、馬

鯰魚

口魚、台灣石䲠、粗首鱲、台灣間爬岩鰍、鰕虎科、鯉魚、鯽魚、鯰魚、高身鯽、塘虱魚、羅漢魚、鯊條、白鰻、泥鰍、花鰍、線鱧、高身小鰾鮈、台灣鮠、高體鰟鮍、革條副鱊、慈鯛科等魚種。

珍稀魚種有：陳氏鰍鮀、埔里中華爬岩鰍、鱸鰻、台灣白魚、條紋二鬚䰾等。

濁水溪

濁水溪主要支流

【清水溪】

清水溪發源於阿里山山脈西麓，上游為921大地震後的新草嶺潭，全長37公里，於彰化、雲林、南投三縣交界處注入濁水溪。常見魚種有：鯝魚、馬口魚、石䱗、粗首鱲、鯔條、花鰍、泥鰍、台灣間爬岩鰍、褐吻蝦鯱、極樂吻蝦鯱、高體鰟鮍、革條副鱊等。

清水溪

【陳有蘭溪】

陳有蘭溪發源於玉山北麓，全長36公里，於水里注入濁水溪中，流域經過峽山地形，至信義鄉後坡度漸緩。常見魚種有：鯝魚、台灣間爬岩鰍、馬口魚、粗首鱲、石䱗、蝦鯱科魚種、花鰍、沙鰍、鯽魚、鯉魚等。

陳有蘭溪

【東埔蚋溪】

東埔蚋溪發源於南投縣之田子山，全長16公里，於竹山鎮注入濁水溪中游，流域上游位於丘陵地帶，注入濁水溪則為沖積扇。常見魚種有：鯝魚、馬口魚、粗首鱲、石鰲、花鰍、泥鰍、台灣鮰、鰕虎科、鰲條、鯉魚、鯽魚、鯰魚、線鱧等魚種。

東埔蚋溪

台灣鮰

鯝魚

石鰆（幼魚）

次要河川

【丹大溪】

丹大溪發源於海拔3225公尺丹大山，上游支流有郡大溪、巒大溪等，全長28公里，流域全段皆為險峻的峽谷地形，流域內的生態資源豐富，經常有中大型哺乳類出沒。常見魚種有：鯝魚、石䋲、台灣纓口鰍、台灣間爬岩鰍、蝦虎科等魚種。

【卡社溪】

卡社溪發源於干卓萬大山南側，全長42公里，全年水溫極低，寒流來襲時只有五度，流域面積168平方公里，上游目前有人為放流的虹鱒，其它魚種有：鯝魚、台灣間爬岩鰍、台灣纓口鰍、褐吻蝦虎、極樂吻蝦虎等。

丹大溪

卡社溪

台灣間爬岩鰍

鯝魚

水庫湖泊

【集集攔河堰】

集集攔河堰位於南投縣集集鎮，是濁水溪廣達三千多萬平方公里流域之集水區，每年可控制25億噸水量，攔河堰長353公尺，有18座排洪閘門、四道排砂閘門及一座魚道。

常見魚種有：粗首鱲、馬口魚、石鱝、羅漢魚、鯉魚、鯽魚、花鰍、沙鰍、鯰魚、塘虱魚、高體鰟鮍、革條副鱊，珍稀魚種有埔里中華爬岩鰍、鱸鰻、陳氏鰍鮀。

【日月潭】

日月潭位於埔里南方，是台灣第一大淡水湖，原本為盆地上的小湖泊，後於日本佔領時期因發電需要，而使其與萬大水庫、

集集攔河堰

武界水庫統合成為發電體系，日月潭水量大增，現在湖面積有1160公頃，水深達27公尺，是南北長3公里、東西寬4公里的大湖泊，早年日月潭盛產翹嘴紅鮊及紅鰭鮊，現因捕撈過度，數量遽減，反倒是現在翡翠水庫總統魚魚滿為患。目前日月潭常見魚種有：鯉魚、鰲條、羅漢魚、慈鯛科魚種、蝦虎科、花鰍、泥鰍、高體鰟鮍、革條副鱊、草魚、青魚、黑鰱、高身鯽、翹嘴紅鮊、紅鰭鮊、鯽魚，珍貴魚種則為鱸鰻。

【萬大水庫】

萬大水庫位於霧社附近的萬大，又稱霧社水庫，集水區位於霧社溪與萬大溪匯合處，集水區面積219平方公里，水庫容量為1

萬大水庫

陳氏鰍鮀

草魚

紅鰭鮊

翹嘴紅鮊

日月潭

億4600萬立方公尺，於民國48年完工，為主要供應中部地區發電的大型水庫，但目前淤積嚴重，預計民國110年時可能會失去作用。

本水庫屬於高山水庫，魚種較少，常見魚種有：鯝魚、鯉魚、鯽魚、黑鰱、青魚、草魚、香魚等水庫魚種。

頭社水庫

【武界水庫】

武界水庫位於日月潭東北方15公里處，於70年前日據時所建，主要用途為調節日月潭之水量，集水區面積501平方公里，容量1400萬立方公尺，是次於萬大水庫的第二高水庫。魚種以水庫魚為主，常見魚種：草魚、鯉魚、高身鯽、鯽魚、鯝魚、鯰魚、粗首鱲、石𩼐、馬口魚、蝦虎科魚種、羅漢魚、泥鰍、花鰍等。

【頭社水庫】

頭社水庫位於南投縣魚池鄉，集水區主要以日月潭滲流之水量，及大舌滿溪水量為主，集水區55公頃，容量為30萬立方公尺，主要供應地區性的灌溉用途。常見魚種有：黑鰱、青魚、草魚、鯉魚、鯽魚、慈鯛科、蝦虎科、泥鰍、鰲條、花鰍、塘虱魚、鯰魚、羅漢魚、粗首鱲、線鱧等。

武界水庫

鯉魚

黑鰱

鯽魚

羅漢魚

高體鰟鮍

鱎條

南投縣市河川簡介

　　南投縣位於本島的中央位置，名山勝景、湖光山色，在本省旅遊業佔有相當大的優勢，河川湖泊水系眾多，亦發展出多樣性的魚類生態。

　　南投縣主要河川有烏溪、濁水溪，其中，濁水溪更是台灣第一大河，孕育多樣性的生態資源，更有國寶魚——櫻花鉤吻鮭的棲息。另外，水庫湖泊數量亦多，計有日月潭、麒麟潭、集集攔河堰、萬大水庫、武界水庫、明潭水庫、明湖水庫、鯉魚潭、頭社水庫、馬麟堀等，我們挑選其具代表性的水庫湖泊加以介紹。

雲林縣市

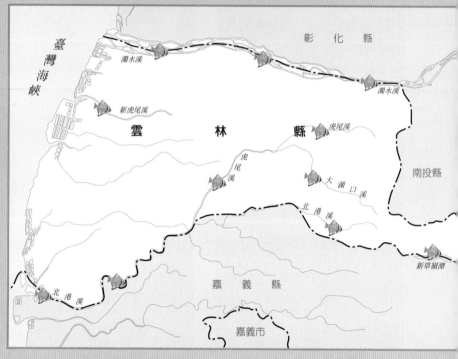

- ●北港溪
- ●虎尾溪
- ●大湖口溪
- ●新虎尾溪
- ●嘉南大圳
- ●新草嶺潭

北港溪

主要河川

【北港溪】

北港溪發源於雲林縣樟湖山，支流有虎尾溪、華興溪、大湖口溪等，流經雲林縣及嘉義縣，於嘉義鰲鼓濕地出海，流域面積為645平方公里，是雲林、嘉義兩縣的界河，主流長度為82公里。

北港溪本為濁水溪下游的支流之一，百年前濁水溪時常氾濫，注入北港溪，民國初年，日本興建分隔兩溪的土堤，自此之後成為北港溪獨立的水系，魚種繁多，常見魚種有：台灣石𩼧、短吻鐮柄魚、粗首鱲、鯽魚、羅漢魚、泥鰍、花鰍、慈鯛科、鰕鯱科、塘虱魚、線鱧等，下游魚種為：鯔科、雙邊魚科、慈鯛科、金錢魚、彈塗魚、短鑽嘴魚等。

金錢魚

北港溪流域支流

【虎尾溪】

　　虎尾溪發源於觸口山脈，長度12公里，在柴林腳與石龜溪會合，至平和厝流入北港溪，本河段多流經已開發之平原，魚種則以耐污染的種類為主，常見魚種有：鯉魚、鯽魚、鱉條、高身鯽、塘虱魚、線鱧、慈鯛科、食蚊魚等。

【大湖口溪】

　　大湖口溪發源於大尖山南方，為北港溪上游，全長16公里，流經古坑鄉大湖口，因而得名，水質較前述幾條河川為佳，常見

虎尾溪

魚種為：粗首鱲、台灣石鮒、鯽魚、鯰魚、台灣間爬岩鰍、鰕鯱科、慈鯛科、線鱧等魚種。

大湖口溪

124

食蚊魚

線鱧

吉利慈鯛

琵琶鼠

塘虱魚

次要河川

【新虎尾溪】

　　新虎尾溪發源於阿里山脈支脈，從林內鄉的烏塗子起，經吳厝、麥寮等，在蚊港出海，全長約50公里。常見魚種有：馬口魚、鯽魚、粗首鱲、鰲條、鯉魚、線鱧、高身鯽、花鰍、塘虱魚、慈鯛科、鯰科、琵琶鼠、食蚊魚等。

新虎尾溪

人工渠道

【嘉南大圳】

　　嘉南大圳是日據時代日本總督府有鑑於嘉南平原之河流對農作灌溉幫助不大，便派遣農田水利專家「八田與一」設計，興建烏山頭水庫，以及流往嘉南平原的給水渠道，分為幹線、支線、分線等渠道共1400公里，其它小的給水線7400公里，這套灌溉系統使得嘉南平原的農作物收穫大增，成為台灣的穀倉。

　　嘉南大圳中常見魚種：鰲條、翹嘴紅鮊、紅鰭鮊、鯽魚、鯉魚、塘虱魚、線鱧、高體鰟鮍、革條副鱲、花鰍、慈鯛科、琵琶鼠，偶可發現條紋二鬚䰾。

嘉南大圳

水庫湖泊

【新草嶺潭】

　　草嶺潭位於雲林縣古坑鄉，是草嶺地區的著名景點，自民國30年起，由於土石崩塌，之後形成草嶺潭，同時也多次潰堤，921地震時，堀沓山大位移，擋住了清水溪溪谷，同時形成長5公里、寬600多公尺、蓄水量達1.2億立方公尺的堰塞湖，相當於兩個日月潭的大小，最深處達50公尺，草嶺潭歷經滄海桑田，四度幻滅又重生，人類能不畏懼大自然所發出的怒吼嗎？

　　草嶺潭本由清水溪溪水形成，魚種組成多為中、上游魚種，但又經人為野放，加上外來

新草嶺潭

翹嘴紅鮊

草魚

羅漢魚

革條副鱊

魚種，因此現今魚種組成與本縣水庫湖泊相仿，常見的有草魚、白
鰱、黑鰱、紅鰭鮊、鰲條、鯉魚、鯽魚、石鱝、馬口魚、粗首鱲、鰕鯳
科、食蚊魚、慈鯛科等魚種。

雲林縣市河川簡介

　　雲林縣位於嘉南平原北端，大多數土地為平原、丘陵，縣內缺
乏大型河川，主要河川為北港溪，支流有清水溪、虎尾溪、石牛
溪、大湖口溪及石龜溪等。除少數上游支流外，多數支流的主流均
位於已開發之平原，污染程度也較為嚴重，次要河川只有新舊虎尾
溪，亦同樣污染嚴重，只有耐污染的外來魚種存活。

　　在人工渠道方面，有引水自烏山頭水庫之嘉南大圳貫穿嘉南平
原，大圳中摻雜不少魚種，但在枯水期時常乾涸，不易有穩定族
群。本縣市亦無水庫，只有民國81年形成的新草嶺潭，河川生態較
其它縣市單純，魚種豐富度亦略低。

嘉義縣市

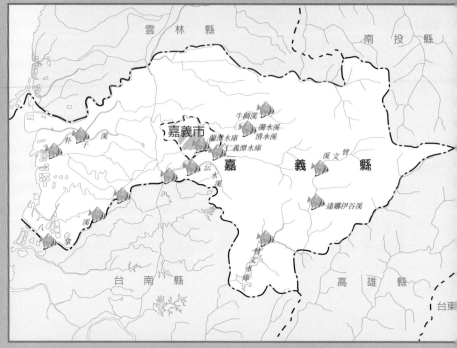

- ●朴子溪
- ●牛稠溪
- ●清水溪
- ●濁水溪
- ●八掌溪
- ●沄水溪
- ●達娜伊谷溪
- ●嘉南大圳
- ●仁義潭水庫
- ●蘭潭水庫

朴子溪

主要河川

【朴子溪】

朴子溪發源於阿里山山脈之四天王山,上游主要水源來自牛稠溪,流經牛稠山後稱爲朴子溪,河水向西流經民雄、竹崎、新港、太保、六腳、朴子、東石等嘉南平原地區,由鰲鼓濕地注入台灣海峽,全長76公里,流域面積400平方公里,上游水質清澈,於竹崎還有親水公園,魚種有:鯝魚、馬口魚、石鯪、花鰍、脂鮠、鯰魚、鯽魚、粗首鱲、鰕虎科等,中游進入廣大的嘉南平原,水流較緩,污染嚴重,魚種有:粗首鱲、鰲條、高體四鬚魞、高身鯽、三星鬥魚、慈鯛科、食蚊魚、琵琶鼠、鯽魚、鯉魚、白鰻、線鱧等,下游河口區魚種較多,但幾乎全爲半淡鹹水域淡水魚,如:鯔科、雙邊魚科、鑽嘴魚、花身雞魚、斑海鯰、虱目魚、彈塗魚等鰕虎科魚種。

朴子溪主要支流

【牛稠溪】

牛稠溪發源於四天王山的芋茱坑，上游支流為崎腳溪，牛稠溪流至竹崎後，匯入朴子溪，全長10公里，沿岸風光明媚、溪水清澈。常見魚種為：鯝魚、粗首鱲、石鱝、極樂吻鰕虎、褐吻鰕虎、花鰍、脂鮡、鯰魚、塘虱魚、線鱧等魚種。

牛稠溪

【清水溪】

清水溪發源於竹崎鄉與番路鄉交界，全長12公里，是樹枝狀水系溪流，流經嘉義市東邊的丘陵，注入朴子溪，清水溪經過少數丘陵，流域內多為平原，水流較緩，常見魚種有：粗首鱲、鯉魚、高身鯽、鱧魚、線鱧、鯽魚、鯊條，高體鰟鮍、革條副鱲、慈鯛科、鯰魚、鰕虎科魚種等。

【濁水溪】

濁水溪發源於竹崎鄉桃源村的小丘陵，與清水溪平行，一直至鹿滿後匯流一起注入朴子溪，全長8公里，除上游有少數丘陵外，其餘多屬平原地帶，沿途水流緩慢，土壤肥沃。魚種有：鯉魚、粗首鱲、高身鯽、線鱧、鱧魚、鯽魚、鯊條、高體鰟鮍、革條副鱲、鯰魚、鰕虎科、慈鯛科等魚種。

清水溪

粗首鱲（♂）

高體鰟鮍

褐吻鰕虎

線鱧

濁水溪

粗首鱲（♀）

花鰍

131

主要河川

【八掌溪】

八掌溪發源於阿里山山脈下的奮起湖,幾乎流經整個嘉義縣市,流域面積474平方公里,上游支流有八條,故名八掌溪,上游地勢陡峻,山高谷深,水流湍急,過了觸口後,始進入丘陵區,在本區匯合許多支流,進入嘉南平原,西流入北門,注入台灣海峽,全長80公里。

由於八掌溪上游源於阿里山山脈,午後常有雷陣雨,流域歷年平均雨量2336公釐,上游河道較窄,一旦雨量激增,河川水量即暴漲,當年「八掌溪事件」便是這樣發生的。

翹嘴紅鮊

八掌溪上游及各支流魚種有:鯁魚、台灣間爬岩鰍、台灣纓口鰍、馬口魚、台灣石𩼧、極樂吻鰕鯱、褐吻鰕鯱等,中游魚種有:馬口魚、石𩼧、粗首鱲、鰲條、翹嘴紅鮊、花鰍、鯰魚、塘虱魚、鰕鯱科、三星攀鱸、高體四鬚魸、革條副鱊、高體鰟鮍、羅漢魚、鯽魚、鯉魚、線鱧、白鰻、高身小鰾鮈等。

下游及河口區組成之魚種以鯔科、雙邊魚科、斑海鯰、牛尾魚、慈鯛科、食蚊魚、虱目魚、鰕鯱科、彈塗魚等為主。

八掌溪

八掌溪主要支流

【沄水溪】

八掌溪主要支流有番子坑溪、赤蘭溪、尖山坑溪、沄水溪等，魚類組成相仿，茲舉沄水溪代表之。

沄水溪發源於中埔鄉七分寮，流域經過低海拔丘陵，於嘉義市南方與赤蘭溪匯合，注入八掌溪，全長19公里。

沄水溪魚種組成為：粗首鱲、石𩼧、馬口魚、極樂吻鰕鯱、褐吻鰕鯱、鯰魚、花鰍、鱎條、革條副鱊、高體鰟鮍等。

沄水溪

褐吻鰕鯱

石𩼧

花鰍

粗首鱲

一般河川

【達娜伊谷溪】

　　達娜伊谷溪發源於阿里山山脈西麓，屬曾文溪上游的一條支流，長約18公里，上游地勢陡峻，山高谷深，從2000公尺高的發源地，陡降至500公尺的低海拔山區，落差極大。本溪也是台灣少數幾個可「賞魚」的溪流，河段被區分為幾個賞魚區，賞魚區中的鯝魚，早已遠超過河川所能供養的數量，為了營造出魚類繁多的現象，再加上人工餵餌，賞魚區的魚類多到如同養殖地，但也因此聲名大噪，絡繹不絕的遊客及大量的利潤，使這個鯝魚保育區擁有長久的經營支柱。

　　本溪魚種有：鯝魚、馬口魚、石𩼧、台灣間爬岩鰍、台灣纓口鰍、極樂吻蝦虎、褐吻蝦虎，保育類魚種為鱸鰻。

人工渠道

【嘉南大圳】

　　嘉南大圳興建於1931年，分別從曾文溪、濁水溪引水，設置四個取水口，給水渠道又分幹線、支線等密集的灌溉水路，超過9000公里，佈滿嘉南平原，由於渠道水量穩定，其中不乏超大型之翹嘴紅鮊、鯉魚、高身鯽等魚，其它魚種有高體鰟鮍、革條副鱊、慈鯛科、線鯉、塘虱魚、琵琶鼠，稀有魚種有條紋二鬚䰾等魚種。

條紋二鬚䰾

鯝魚

達娜伊谷中偷抓鯝魚的遊客

嘉南大圳（嘉義・水上）

135

水庫湖泊

【仁義潭水庫】

　　仁義潭水庫位於嘉義縣番路鄉，於民國76年完工，算是相當新的中型水庫，集水區面積3.6平方公里，滿水位面積為232公頃，引八掌溪之水蓄流而成，主要功能為供應大嘉義地區的公共用水及工業用水。

　　仁義潭水庫魚種組成有：草魚、黑鰱、白鰱、青魚、鯉魚、鯽魚、高身鯽、食蚊魚、鰲條、高體鰟鮍、革條副鱊、鯰魚、塘虱魚、慈鯛科、鰕虎科、雙邊魚科等。

塘虱魚

黑鰱

仁義潭水庫

【蘭潭水庫】

蘭潭水庫位於嘉義市東方3公里之山丘上，古稱「紅毛埤」，是座歷史優久的人工湖，早在1630年，荷蘭人建埤於此，最新一次修建於民國61年完成，集水區只有2平方公里，是供給嘉義市公共用水的小型水庫，滿水位面積為0.77平方公里，為嘉義八景之一的「蘭潭泛月」，湖邊兩旁綠樹濃蔭，夏日彩蝶翩翩，湖面如鏡，泛漾青山倒影，是嘉

草魚

泥鰍

義市民休閒的好去處。

蘭潭水庫魚種有：鱟條、慈鯛科、草魚、青魚、黑鰱、鯽魚、鯉魚、塘虱魚、線鱧、鯰魚、泥鰍、高體鰟鮍、革條副鱊、食蚊魚、羅漢魚、蝦虎科等魚種。

蘭潭水庫

嘉義縣市河川簡介

嘉義縣位處台灣中南部，東側有阿里山山脈，西側為嘉南平原的北端，開發較早。主要河川有朴子溪、八掌溪，這兩條大河川縱貫嘉南平原，魚類資源豐富，但河流進入平原後，所受的家庭及工業污染，使水質變劣，八掌溪源於阿里山山脈，中游有仁義潭及蘭潭兩座水庫，也是嘉義市民便利的好去處。

台南縣市

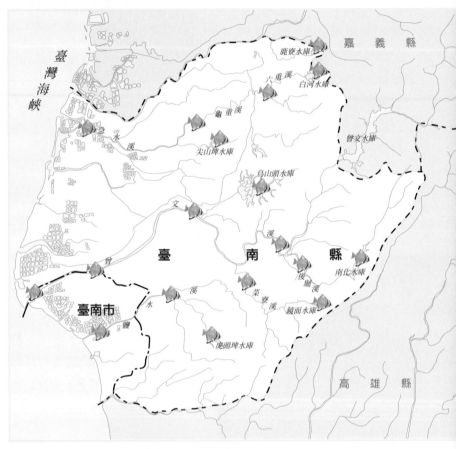

- ●急水溪　　●南化水庫
- ●龜重溪　　●烏山頭水庫
- ●六重溪　　●鏡面水庫
- ●曾文溪　　●尖山埤水庫
- ●菜寮溪　　●鹿寮水庫
- ●後堀溪　　●虎頭埤水庫
- ●鹽水溪　　●白河水庫

急水溪

主要河川

【急水溪】

　　急水溪發源於台南縣大棟山，流經新營、白河、鹽水、柳營、東山、北門等鄉鎮，流域面積達380平方公里，流域範圍全位於台南縣內，主要支流有龜重溪與六重溪，上游建有尖山埤水庫及白河水庫，主流長度約65公里，於台南縣北門出海，注入台灣海峽。

　　急水溪上游常見魚種有：粗首鱲、石𩼧、鯝魚、台灣間爬岩鰍、高身小鰾鮈、台灣纓口鰍、鯉魚、鯰魚、鯽魚、花鰍、蝦鯱科等魚種，中、下游常見魚種有：鰲條、羅漢魚、鯽魚、高體四鬚魬、慈鯛科、鯔科、雙邊魚種、三星攀鱸、帆鰭胎生鱂魚、食蚊魚、線鱧、塘虱魚、虱目魚等。

帆鰭胎生鱂魚

急水溪主要支流

龜重溪發源於台南縣李圓子山西麓，上游支流有茄苳溪與鹿寮溪，長度約25公里，是急水溪上游支流。常見魚種有：鯝魚、粗首鱲、石鱝、馬口魚、鯉魚、鯽魚、鯰魚、花鰍、極樂吻鰕虎、褐吻鰕虎。

龜重溪

【六重溪】

六重溪發源於阿里山山脈關仔嶺附近的檳榔山，流入嘉南平原的東山，匯入急水溪，全長11公里。本水域常見魚種有：台灣間爬岩鰍、鯝魚、馬口魚、石鱝、粗首鱲、鯽魚、鯉魚、鯰魚、花鰍、褐吻鰕虎、極樂吻鰕虎、高體鰟鲏、革條副鱊。

六重溪

馬口魚

台灣間爬岩鰍

主要河川

【曾文溪】

曾文溪發源於嘉義縣，海拔2440公尺的萬歲山，往西流入嘉義縣，於台南縣流入沖積平原，至台南七股出海，河流長度138公里，流域面積1176平方公里，上游有曾文水庫，截取曾文溪之水量。

曾文溪上游魚種有：鯝魚、石䱗、馬口魚、極樂吻鰕虎、褐吻鰕虎、花鰍、鯰魚，中游魚種

高身小䰾鮈

曾文溪

雙邊魚

虱目魚

高體四鬚䰾

有：粗首鱲、鯉魚、石䱗、鯽魚、鱧魚、線鱧、塘虱魚、脂鮠、鰕虎科、慈鯛科、食蚊魚、高體鰟鮍、革條副鱊、高體四鬚䰾、紅鰭鮊、鰵條、高身小䰾鮈等。

下游魚種有：鯉魚、鯽魚、鯔科、虱目魚、雙邊魚、鰕虎科、花身雞魚、斑海鯰、帆鰭胎生鱂魚等。

曾文溪主要支流

【菜寮溪】

　　菜寮溪發源於台南與高雄縣交界之烏山西麓，流經南化與左鎮的丘陵地區，於菜寮西向流入嘉南平原區，注入曾文溪，成為其支流。常見魚種有：䰾條、鯉魚、鯽魚、花鰍、泥鰍、鯰魚、塘虱魚、蝦虎科、紅鰭鮊、慈鯛科、高身鯽、食蚊魚、革條副鱊、高體鰟鮍、線鱧等魚種。

紅鰭鮊

【後堀溪】

　　後堀溪上游為南化水庫，蜿蜒流經玉井鄉的丘陵地，全長20公里，於玉井鎮附近注入曾文溪，成為其中游支流。

　　後堀溪常見魚種有：䰾條、粗首鱲、石䲁、蝦虎科、紅鰭鮊、草魚、花鰍、脂鮠、慈鯛

鱸鰻

科、鯰魚、鱧魚、小盾鱧、線鱧、班駁尖塘鱧、鯉魚、高體四鬚鲃、鯽魚、高身鯽、革條副鱊、高體鰟鮍等，珍貴魚種有鱸鰻、埔里中華爬岩鰍等。

菜寮溪

後堀溪

花身雞魚

康氏雙邊魚

主要河川

【鹽水溪】

鹽水溪發源於台南縣大坑尾，向西流經台南縣境內。上游稱為咬狗溪，繼續向北流，於永康市附近與許縣溪等匯流，自此稱為鹽水溪，流域面積221平方公里，西流至安平區，與嘉南大圳一同注入台灣海峽，全長41公里。

常見魚種有：鰲條、鯉魚、鯽魚、慈鯛科魚種、塘虱魚、食蚊魚、線鱧、高身鯽、鯔科、雙邊魚科、斑海鯰、花身雞魚、帆鰭胎生鱂魚、印度牛尾魚等。

鹽水溪

水庫湖泊

【南化水庫】

南化水庫位於後堀溪玉山村附近，屬於地方農業用灌溉的小型水庫，面積5.37平方公里，周邊層巒疊翠、群山環繞。

水庫常見魚種有：草魚、青魚、鯉魚、黑鰱、鯽魚、高身鯽、慈鯛科、斑駁尖塘鱧、食蚊魚、粗首鱲、鰺條、泥鰍、鯰魚、塘虱魚、線鱧、小盾鱧、高體鰟鮍、革條副鱊、紅鰭鮊等魚種。

【烏山頭水庫】

烏山頭水庫位於六甲鄉與官田鄉之交界處，利用曾文溪、官田溪之水，在中游建築水壩，面積為9平方公里，主要用途為灌溉嘉南平原與公共用水，於1929年完工，費時十年。潭上浮著一百多座小島，景致清幽秀麗，沿岸

南化水庫

林木蒼翠，水域蜿蜒曲折，狀似珊瑚，故又名珊瑚潭。

烏山頭水庫常見魚種有：鰺條、斑駁尖塘鱧、慈鯛科、食蚊魚、草魚、黑鰱、青魚、團頭魴、高體鰟鮍、革條副鱊、三星攀鱸、粗首鱲、鯉魚、鯽魚、高身鯽、線鱧、鯰魚、塘虱魚、蝦鯱科等魚種。

【鏡面水庫】

鏡面水庫位於台南縣南化鄉茱寮溪的上游，是供應地方灌溉的小型水庫，面積為0.125平方公里。水庫常見魚種有：鰺條、紅鰭鮊、草魚、鯉魚、鯽魚、高身鯽、鱧魚、線鱧、斑駁尖塘鱧、高體四鬚魮、花鰍、泥鰍、鯁魚、塘虱魚、鯰魚、蝦鯱科、慈鯛科、食蚊魚等。

鏡面水庫

塘虱魚

黑鰱

鯁魚

草魚

烏山頭水庫

145

【尖山埤水庫】

尖山埤水庫是截取龜重溪之河水而成，位於台南縣柳營鄉，面積為77公頃，是地區性的中型水庫，為台糖所有。水庫四周被山丘圍繞，植被茂密，景色幽美，目前以發展觀光為主。

水庫內常見魚種有：鯁魚、鰲條、紅鰭鮊、鯉魚、鯽魚、草魚、青魚、黑鰱、白鰱、慈鯛科、鰕鯱科、泥鰍、花鰍、高身鯽、革條副鱊、高體鰟鮍、羅漢魚、鱧魚、線鱧、塘虱魚、鯰魚等。

【鹿寮水庫】

鹿寮水庫位於頭前溪與鹿寮溪匯流處，原是供應台糖南靖糖廠的農業用灌溉小型水庫，面積為0.44平方公里，完工已超過60年，但因淤積嚴重，已漸漸失去作用，此地風景優美，碧波蕩漾，惟目前已不對外開放。

水庫常見魚種為：鰲條、鯁魚、鯽魚、鯉魚、高身鯽、塘虱魚、鯰魚、高體四鬚魮、高體鰟鮍、革條副鱊、食蚊魚、慈鯛科、鰕鯱科、羅漢魚、花鰍、泥鰍、線鱧、鱧魚、草魚等。

尖山埤水庫

鱧魚

羅漢魚

塘虱魚

革條副鱊

鹿寮水庫

【虎頭埤水庫】

虎頭埤水庫位於台南縣新化鎮的虎頭山，是台灣最早的水庫，水庫水源乃取茄苳溪之水源而成，面積為0.27平方公里，主要供應地方的農田灌溉，但目前功能已被嘉南大圳所取代。因距離台南市只有15公里，極適合休閒遊憩，環潭公路樹木蓊鬱，空氣清新，潭水清澈，是台南地區民眾休閒的好去處。

水庫常見魚種有：青魚、草魚、鯽魚、鯉魚、高身鯽、鱧魚、線鱧、泥鰍、塘虱魚、鯰魚、慈鯛科、食蚊魚、蝦虎科、粗首鱲、羅漢魚、高體鰟鮍、革條副鱊等魚種。

【白河水庫】

白河水庫位於台南縣白河鎮的木屐寮河谷，截取急水溪上游河水而成，面積為1.97平方公里，供應地區公共給水及農業之用，是座多目標水庫。水庫中常見魚種有：鰵條、粗首鱲、鯉魚、鯽魚、線鱧、高身鯽、鯰魚、塘虱魚、花鰍、羅漢魚、鱧魚、高體鰟鮍、革條副鱊、食蚊魚等魚種。

虎頭埤水庫

台灣 淡水魚 地圖

線鱧

鯰魚

白河水庫

台南縣市河川簡介

　　台南縣市有三條主要河川，分別為急水溪、曾文溪、鹽水溪，7座水庫——南北水庫、烏山頭水庫、鏡面水庫、尖山埤水庫、鹿寮水庫、虎頭埤水庫及白河水庫，大部份河川流域皆位於丘陵地區及嘉南平原，魚種分布多為一般低海拔及平原、湖泊常見魚種，但以湖泊水庫而言，在魚類數量和用途上，均超過其它縣市。

149

高雄縣市

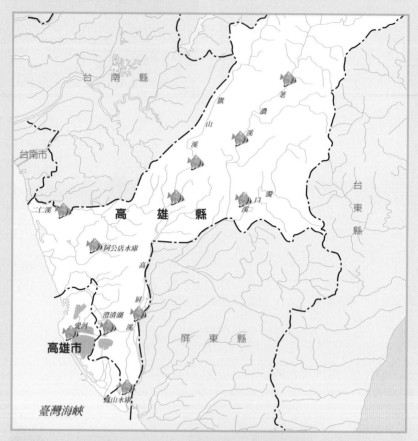

台南縣
台南市
二仁溪
高　雄　縣
阿公店水庫
高
屏
澄清湖
溪
高雄市
愛河
鳳山水庫
臺灣海峽

旗
山
溪
荖
濃
溪
濁
口
溪
台
東
縣
屏　東　縣

●高屏溪中上游
●荖濃溪
●濁口溪
●旗山溪
●二仁溪
●愛河
●阿公店水庫
●澄清湖水庫
●鳳山水庫

台
灣
淡
水
魚
地
圖

高屏溪

主要河川

【高屏溪中上游】

高屏溪發源於中央山脈最高點——玉山，高雄縣內支流有荖濃溪、濁口溪、旗山溪，上游有兩條主要支流，西邊是發源於阿里山山脈的楠梓仙溪，東邊爲荖濃溪，全長171公里，自旗山至林園工業區出海，正好分隔了高雄縣與屏東縣，故名之。本溪流經24個鄉鎮，是南台灣的生命之河，流域面積爲3256平方公里。

高屏溪爲南台灣最大的河流，其所孕育的魚種亦相當豐富，常見魚種有：鯝魚、石鱝、馬口魚、高身小鰾鮈、花鰍、泥鰍、鯰魚、鱧魚、線鱧、何氏棘魞、小盾鱧、琵琶鼠、慈鯛科魚種、鰕虎科魚種、高體鰟鮍、革條副鱊、鰲條、台灣纓口鰍、台灣間爬岩鰍、鯽魚、鯉魚、高身鯽、斑駁尖塘鱧等，珍貴魚種有：高身鯝魚、鱸鰻、條紋二鬚鲃、中間鰍鮀、埔里中華爬岩鰍等。

高屏溪主要支流

中間鰍鮀

　　荖濃溪發源於玉山東峰，蜿蜒向西南側流去，流經高雄縣六龜、荖濃、寶來、桃源等鄉，至茂林鄉大津附近匯入濁口溪，進入廣闊的屏東平原，於高樹南方匯入隘寮溪，折向西行，於嶺口和楠梓仙溪匯集成高屏溪，流域面積1373平方公里，全長137公里，河水清澈，魚種眾多。常見魚種有：鯝魚、石𩼧、馬口魚、鯵條、鰕虎科、慈鯛科、花鰍、鯉魚、羅漢魚、鯽魚、高體鰟鮍、革條副鱊、台灣鮰等，珍貴魚種有高身鯝魚、中間鰍鮀、鱸鰻等。

高體鰟鮍

台灣鮰

荖濃溪

濁口溪

高身小鰾鮈

台灣間爬岩鰍

【濁口溪】

濁口溪發源於卑南主山，河川上游呈縱谷、下游為橫谷走向，主流流域涵蓋桃源鄉、茂林鄉，並有特殊地形「成育曲流」，全長50公里，常見魚種有：鯝魚、石𩼧、馬口魚、台灣間爬岩鰍、台灣纓口鰍、粗首鱲、鯉魚、花鰍、鯽魚、高身小鰾鮈、何氏棘鲃、羅漢魚、鰲條、鰕鯱科、慈鯛科，珍貴魚種有：高身鯝魚、鱸鰻、埔里中華爬岩鰍、中間鰍鮀、蓋斑鬥魚。

【旗山溪】

旗山溪發源於玉山山脈，河谷受到水流侵蝕，使得兩旁山壁陡峭，流經三民鄉、甲仙鄉、杉林鄉、旗山鎮等，上游為楠梓仙溪魚類保護區，至旗山鎮與二重溪匯流成高屏溪，全長114公里。常見魚種有：鯝魚、石𩼧、馬口魚、粗首鱲、花鰍、羅漢魚、鯰魚、鯉魚、鯽魚、草魚、高身鯽、鰲條、何氏棘鲃、台灣間爬岩鰍、高身小鰾鮈等，珍貴魚種有：高身鯝魚、鱸鰻、中間鰍鮀等。

旗山溪

一般河川

【二仁溪】

二仁溪發源於高雄縣內門鄉，是高雄與台南兩縣的界河，原各二層行溪，流域範圍皆於高雄縣境內，全長62.6公里，於茄萣鄉白砂崙注入台灣海峽。常見魚種有：粗首鱲、台灣石𩼧、馬口魚、鯉魚、鯽魚、慈鯛科魚種、鰕虎科魚種、花鰍、鯰魚、塘虱魚、高身鯽等。

二仁溪

【愛河】

愛河為高雄市唯一的河流，源於三民區北郊，全長15公里，於鼓山區向西流入高雄港，1971年連端午節的龍舟隊都不願下

馬口魚

愛河

台灣淡水魚地圖

水庫湖泊

【阿公店水庫】

阿公店水庫是攔阻阿公店溪上游所築成的水壩,長238公尺,為本省壩身最長的水庫,位於田寮與燕巢二鄉交界、高雄市東北方20公里處,總容量4500萬立方公尺,是全台第一座多目標水庫。常見魚種:鯉魚、鰲條、紅鰭鮊、翹嘴紅鮊、草魚、黑鰱、白鰱、青魚、高身鯽、花鰍、慈鯛科、鰕鯱科、線鯉、塘虱魚、食蚊魚、三星攀鱸等。

雙邊魚

灰鰭鯛

阿公店水庫管理處

斑海鯰

水,愛河宣告死亡,經過三十年來的整治,現已改頭換面,水域中絕大多數為廣鹽性魚種,如:鯔科、雙邊魚科、鑽嘴魚科、灰鰭鯛、斑海鯰、牛尾魚、虱目魚,近年高雄常有水患,使得被沖毀的魚塭魚種外流,慈鯛科等亦偶爾出現。

阿公店水庫

155

澄清湖位於高雄縣鳥松鄉，百年前為天然沼澤，1940年日本人將其改建為工業給水廠，1959年開放成為風景區，面積103公頃，平均水深3～4公尺，水源以高屏溪下游之曹公圳引水，澄清湖原本以水質澄清而名之，但引入高度污染的高屏溪水後，水質從此不再澄清。

常見魚種有：慈鯛科、鯉魚、黑鰱、白鰱、草魚、青魚、鯽魚、線鱧、琵琶鼠、高身鯽、高體四鬚魮、食蚊魚、蝦虎科等。

紅寶石慈鯛

【鳳山水庫】

鳳山水庫位於高雄縣林內村，水源80%來自6公里外的東港溪，其餘水源來自高屏溪，總容量為920萬立方公尺，由於水庫水源皆來自污染嚴重之河段，水質差只能供給工業用水。常見魚種有：黑鰱、白鰱、青魚、草魚、鰲條、慈鯛科、蝦虎科、鯉魚、鯽魚、塘虱魚、高身小鰾鮈、高體四鬚魮、食蚊魚、高身鯽等魚種。

澄清湖水庫

慈鯛科

食蚊魚

鳳山水庫

高雄縣市河川簡介

　　高雄縣幅員廣大，河川眾多，主要河川有高屏溪，全長171公里，流域面積廣達3256平方公里，支流有荖濃溪、濁口溪、旗山溪等，涵養許多珍貴魚種，如：高身鯝魚、鱸鰻、中間鰍鮀、條紋二鬚䰾等；一般河川有二仁溪、愛河、前鎮運河等；水庫湖泊有阿公店水庫、澄清湖、漲皮湖、蓮池潭、鳳山水庫等。本縣河川下游污染嚴重，能存活下來的魚種，若非耐污染，就是外來侵入魚種，原生種淡水魚已日益減少，若再不改善水質，原生魚種就沒有生存空間了。

屏東縣市

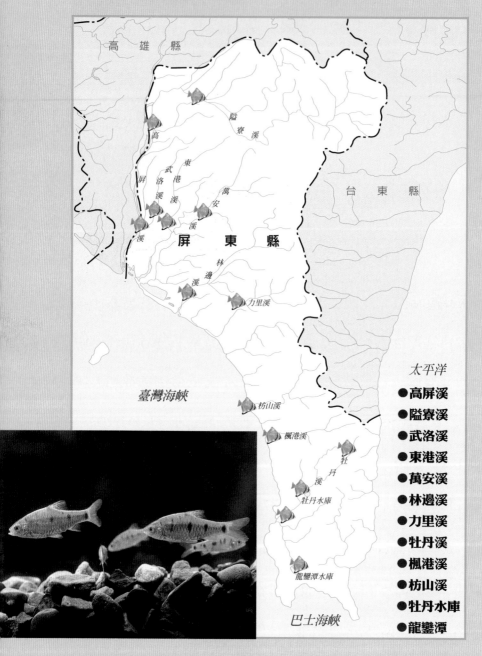

高雄縣

隘寮溪

東港溪

武洛溪

屏東溪

萬安溪

力里溪

屏　東　縣

林邊溪

台　東　縣

臺灣海峽

枋山溪

楓港溪

牡丹溪

牡丹水庫

龍鑾潭水庫

巴士海峽

太平洋

- ●高屏溪
- ●隘寮溪
- ●武洛溪
- ●東港溪
- ●萬安溪
- ●林邊溪
- ●力里溪
- ●牡丹溪
- ●楓港溪
- ●枋山溪
- ●牡丹水庫
- ●龍鑾潭

高屏溪下游

主要河川

【高屏溪下游】

　　高屏溪發源於中央山脈玉山附近，流經高雄縣及屏東縣24個鄉鎮，流域面積3257平方公里，是本省流域面積最大的河川，全長171公里，位於屏東縣內，為其下游，支流有隘寮溪、濁口溪、武洛溪等。

　　高屏溪下游污染嚴重，導致澄清湖水庫水質變差。本流域常見魚種為：慈鯛科、琵琶鼠、鯉魚、高體四鬚䰾、粗首鱲、高身小鰾鮈、白鰻、羅漢魚、鰲條、紅鰭鮊、小盾鱧、斑駁尖塘鱧、虱目魚、雙邊魚、高身鯽、食蚊魚、鯰魚、線鱧、塘虱魚、青魚、草魚、鯁魚、蝦虎科等，珍稀魚種有：鱸鰻、高身鯝魚、中間鰍鮀、條紋二鬚䰾等。

小盾鱧

159

高屏溪主要支流

【隘寮溪】

隘寮溪發源於歡喜山北大武山山麓，上游有兩大支流，分別為發源於北大武山的南隘寮溪，以及發源於知本主山的北隘寮溪，兩溪匯流至三地門，始稱隘寮溪，向西匯流入荖濃溪，涵蓋三地鄉、霧台鄉、高樹鄉、里港鄉等流域，面積642平方公里，全長69公里。常見魚種為：何氏棘䰾、粗首鱲、馬口魚、石鱝、鯝魚、高身小鰾鮈、台灣間爬岩鰍、花鰍、鯰魚、塘虱魚、鰕虎科魚種、鯉魚、鯽魚等，珍貴魚

埔里中華爬岩鰍

高身小鰾鮈

種有：鱸鰻、埔里中華爬岩鰍、中間鰍鮀、溪鯉、高身鯝魚等。

隘寮溪

羅漢魚

紅鰭鮊

【武洛溪】

　　武洛溪發源於屏東縣鹽埔鄉，全長19公里，由平原區蜿蜒向南流，至屏東機場西邊流入堤防，在高屏溪攔沙壩前匯入高屏溪，成為其支流。常見魚種有：粗首鱲、何氏棘魞、鯉魚、鯽魚、三星攀鱸、食蚊魚、高體四鬚魞、鰕鯱科、慈鯛科、高身鯽、花鰍、高身小鰾鮈、鰲條、羅漢魚、紅鰭鮊等魚種。

武洛溪

主要河川

【東港溪】

　　東港溪發源於泰武鄉的日湯眞山西麓，除上游約7公里的河段外，其餘幾乎全位於屏東沖積平原上，上游支流有牛角灣溪與萬安溪，匯合後流入屏東平原，於東港入海，流域面積473平方公里，全長44公里。本河段位於平地，流速平緩，近年來受到家庭與畜牧廢水污染，水質優養化，枯水期水質更爲惡化。

　　本河段常見魚種有：慈鯛科、琵琶鼠、蝦虎科、鯉魚、線鱧、塘虱魚、鯽魚、高體四鬚䰾、食蚊魚、三星攀鱸、帆鰭胎生鱂魚、斑海鯰、虱目魚、鯔科、雙邊魚、牛尾魚等。

塘虱魚

鯛魚

東港溪主要支流

【萬安溪】

　　萬安溪發源於日湯眞山西麓，全長9公里，爲東港溪上游，流經瑪家鄉、泰武鄉以及萬巒鄉。常見魚種有：鯝魚、馬口魚、石鱝、粗首鱲、鯽魚、鰲條、鯉魚、慈鯛科、蝦虎科、鯰魚等。

萬安溪

東港溪

林邊溪

主要河川

【林邊溪】

林邊溪發源於南大武山西南麓，向西流向屏東平原，再往南注入台灣海峽，共流經林邊鄉、新埤鄉、來義鄉、泰武鄉、佳冬鄉等，流域面積336平方公里，全長41公里，支流有力里溪。常見魚種有：鯝魚、粗首鱲、花鰍、高體鰟鮍、革條副鱊、羅漢魚、高身小鰾鮈、湯鯉、線鱧、鯉魚、鯽魚、高體四鬚鲃、何氏棘魞、高身鯽、食蚊魚等。

林邊溪主要支流

【力里溪】

鰲條

湯鯉

力里溪

力里溪發源於屏東縣日暮山西麓丘陵中，緩緩向西流入，於枋寮與佳冬交界處注入林邊溪，成爲其支流，全長25公里。常見魚種有：鯝魚、粗首鱲、鯉魚、鯽魚、花鰍、湯鯉、羅漢魚、鰲條、高體四鬚鲃、食蚊魚、慈鯛科等。

普通河川

【牡丹溪】

牡丹溪發源於牡丹鄉東源地，溪水往西南流入山谷，中游有牡丹水庫一座，水庫以下為四重溪，流入海洋，全長19公里，河水清澈。常見魚種有：粗首鱲、石䲖、鯉魚、鯽魚、鯰魚、蝦虎科、白鰻、高身鯽、花鰍、鱧魚、鰲條、羅漢魚等，珍貴魚種有鱸鰻。

【楓港溪】

楓港溪發源於屏東縣太和山，溪水向西流經屏東縣獅子

枋山溪

鄉、枋山鄉，流域面積102平方公里，主要支流有新路溪，楓港溪全長20.3公里。常見魚種有：蝦虎科、粗首鱲、馬口魚、石䲖、鯽魚、鯉魚、花鰍、高身鯽、慈鯛科、白鰻、鯰魚、鰲條、羅漢魚、何氏棘魞、雙邊魚、湯鯉等，珍貴魚種有鱸鰻。

【枋山溪】

枋山溪發源於茶留凡山南麓，向西流經獅子鄉、枋山鄉，流域面積125平方公里，全長27公里，支流有西都驕溪。魚種有：粗首鱲、石䲖、花鰍、蝦虎科、慈鯛科、鯉魚、鯽魚、羅漢魚、花身雞魚、斑海鯰、雙邊魚、鯔科、白鰻等，珍貴魚種有鱸鰻。

楓港溪

鱧魚

鯔魚

鱸鰻

花身雞魚

牡丹溪

水庫湖泊

牡丹水庫位於恆春半島，水源取至上游牡丹溪與汝仍溪，蓄水量為3000萬立方公尺，為僅供應恆春地區公共給水以灌溉的中型水庫。水庫魚種豐富，常見魚種有：草魚、青魚、黑鰱、白鰱、鯽魚、鯉魚、鯰魚、高身鯽、蝦虎科、慈鯛、羅漢魚、鰲條、塘虱魚等魚種。

高身鯽

黑鰱

【龍鑾潭】

龍鑾潭位於恆春西南方3公里處，水源以出火溪、龍鑾山溪為主，是南台灣十分重要的濕地，周圍被關山、里海山、馬鞍山、大山母山、赤牛嶺、三台山環繞，總容量為380萬立方公尺。常見魚種有：草魚、黑鰱、高體鰟鮍、花鰍、鯽魚、鯉魚、鯰魚、羅漢魚、鰲條、蝦虎科、慈鯛科等魚種。

牡丹水庫

台灣淡水魚地圖

草魚

高體鰟鮍

龍鑾潭

屏東縣市河川簡介

　　屏東地區位於本島最南端，主要河川有高屏溪、東港溪、林邊溪三條，其支流共有隘寮溪、濁口溪、武洛溪、萬安溪、力里溪等，除了高、屏兩縣的界河外，其餘河川多短而急，較不適合大型魚類生存。普通河川有牡丹溪、楓港溪、九棚溪、枋山溪等，魚種多為一般常見魚種，亦多廣鹽性魚種。

　　水庫湖泊有牡丹水庫及墾丁國家公園的龍鑾潭，孕育著湖泊型的多樣化魚種。

台東縣市

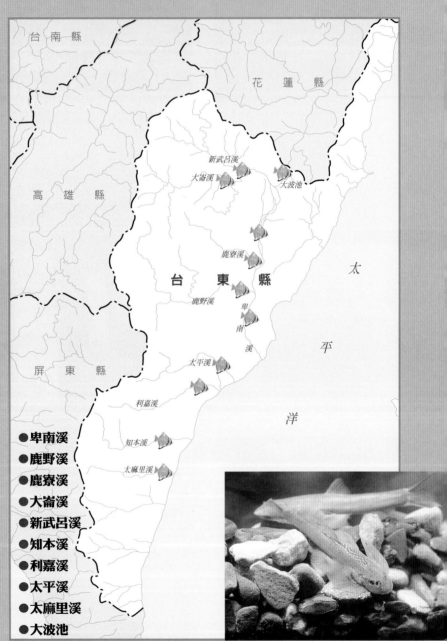

台南縣

花蓮縣

高雄縣

新武呂溪
大崙溪

大波池

鹿寮溪

台 東 縣

鹿野溪

卑
南

溪

屏 東 縣

太平溪

太
平

利嘉溪

洋

- **卑南溪**
- **鹿野溪**
- **鹿寮溪**
- **大崙溪**
- **新武呂溪**
- **知本溪**
- **利嘉溪**
- **太平溪**
- **太麻里溪**
- **大波池**

知本溪

太麻里溪

台灣
淡水魚
地圖

卑南溪

主要河川

【卑南溪】

卑南溪發源於中央山脈卑南主峰，流經池上轉向南流入台東縱谷，主要支流為鹿野溪、鹿寮溪及萬安溪，於台東市附近入海，與太平溪、知本溪、利嘉溪形成廣大的沖積三角洲平原，是東部最長的河川。全長八十四公里，流域面積達一千六百多平方公里，寬闊的河床沙洲及河岸，擁有豐富、多變的水域生態系統。

台東間爬岩鰍

河川兩側更有豐富的峽谷地形，且流經的區域廣大，擁有完全不同的棲地環境，從利吉橋上可遠望2公里長的月世界地質奇景，岩灣至山禮這段路，更有長達四公里的小黃山，如同黃山的縮小版，本溪大部分河段皆為未受污染之水域，誠屬難能可貴。

卑南溪中、上游之魚種，由高身鏟頜魚、粗首鱲、何氏棘魞、鯽魚、羅漢魚、高體鰟鮍、褐吻鰕虎等組成，局部地區有菊池氏細鯽、鱸鰻等珍稀魚種，下游魚種則以日本禿頭鯊、曙首厚唇鯊、小雙邊魚、慈鯛科魚種及鯔科等魚種所組成。

大吻鰕虎

卑南溪流域河川、支流

【鹿野溪】

鹿野溪發源於關山，長度62公里，流域面積515平方公里，為卑南溪的上游河川。常見魚種為：高身鏟頜魚、粗首鱲、台灣鏟頜魚、何氏棘魞、大吻鰕虎、日本禿頭鯊、褐吻鰕虎，偶爾可見台東間爬岩鰍、鱸鰻等稀有魚種。

【鹿寮溪】

鹿寮溪發源於中央山脈，長

鹿野溪

曙首厚唇鯊

何氏棘魞

日本禿頭鯊

度32公里，是卑南溪上游，流域面積約143平方公里，屬於中高海拔型溪流。常見魚種為：粗首鱲、鯉魚、台灣鏟頷魚、高身鏟頷魚、褐吻鰕虎等，部分地區有鱸鰻及台東間爬岩鰍等珍貴魚種。

鹿寮溪

【大崙溪】

大崙溪發源於中央山脈，是新武呂溪的最大支流。常見魚種以高身鏟頜魚、何氏棘魞、日本禿頭鯊、平頜鱲、台灣馬口魚、極樂吻鰕虎、褐吻鰕虎為主。稀有魚種有菊池氏細鯽、台東間爬岩鰍及鱸鰻三種。

【新武呂溪】

新武呂溪發源於中央山脈南段東稜，位於三叉山、向陽山附近，主要有大崙溪、霧鹿溪、武拉庫散溪等支流，長度37公里。水質清澈、魚類資源豐富，87年設立魚類保護區，有豐富的台東間爬岩鰍及高身鏟頜魚兩種保育類魚種，其他常見魚種有：台灣鏟頜魚、粗首鱲、台灣馬口魚、褐吻鰕虎、極樂吻鰕虎、日本禿頭鯊等魚種。

大崙溪

菊池氏細鯽

新武呂溪

平頜鱲

次要河川

【知本溪】

　　知本溪發源於中央山脈霧頭山，長度39公里，流域面積198平方公里。位於溪畔的知本，是東台灣相當著名的溫泉風景區，溫泉於溪南岸山麓岩石及知本溪河床露頭。本溪流經台東市、台東縣、卑南鄉、金峰鄉、知本鄉、太麻里鄉。常見魚種有：何氏棘魞、高身鏟頜魚、台灣鏟頜魚、粗首鱲、日本禿頭鯊及褐吻蝦虎、棕塘鱧等。

台灣鏟頜魚

溪鯉

【利嘉溪】

　　利嘉溪發源於中央山脈之大埔山，長度37公里，流域面積174平方公里，本溪又稱大南溪，共流經台東縣、卑南鄉及台東市。

　　本溪魚種及數量原本相當豐富，但由於不當捕捉，再加上引水它用及攔沙壩的建立，使魚種數量銳減，曾記錄之魚種有：粗首鱲、平頜鱲、何氏棘魞、白鰻、台灣石䲗、台灣馬口魚、台灣鏟頜魚等；高身鏟頜魚、溪鯉、台東間爬岩鰍及鱸鰻，數量稀少，出海口則有鯔科及慈鯛科等魚種。

知本溪

利嘉溪

【太平溪】

太平溪發源於中央山脈馬里山，長度20公里，流域面積95平方公里，僅流經台東市。常見魚種有：粗首鱲、鯽魚、鯉魚、花鰍、何氏棘魞、慈鯛科、蝦虎科魚種。

太平溪

【太麻里溪】

太麻里溪發源於中央山脈南端的茶埔岩山，長度26公里，流域面積217平方公里。常見魚種有：台灣鏟頜魚、鯽魚、粗首鱲、鯉魚、高體鰟鮍、羅漢魚、蝦虎科、慈鯛科、鯔科魚種。

粗首鱲

鯉魚

太麻里溪

水庫湖泊

【大波池】

大波池

大波池原名大埤池，是花東縱谷平原之主要池沼，長900公尺、寬600公尺，面積達45公頃。原先是爲解決颱風時溪水的蓄洪池，民國81年改建成風景區，使得原有風貌全然消失，成爲人工湖。

大波池水源爲新武呂溪及池上平原和錦園河階的水系，池中盛產魚蝦，常見魚種有：粗首鱲、鯉魚、鯽魚、羅漢魚、革條副鱊、高體鰟鮍、泥鰍、花鰍、吉利慈鯛、食蚊魚、極樂吻鰕鯱、大吻鰕鯱等魚種。

鯽魚

台東縣市河川簡介

台東古稱「卑南」，光緒13年於台東設立行政機關，光復後成立台東縣政府。

台東位於中央山脈東側、本島東南角。本區域內多高山縱谷，地勢由西向東緩降，坡陡水流急湍，主要河川有卑南溪及其流域支流鹿野溪、鹿寮溪、大崙溪、新武呂溪，次要河川為知本溪、利嘉溪、太平溪、太麻里溪；水庫湖泊類型的只有大波池一處。這些河川大多東流注入海中，以卑南溪為主流，於下游沖積成三角洲。

本區之自然生態與地理景觀，相當豐富，有險峭的峽谷、巨瀑，稜脈縱橫交錯，溪谷深邃，較晚開發，因此擁有得天獨厚的資源，有四十種以上的魚類，其中有八種特有種；三種保育類魚種：鱸鰻、高身鏟頷魚及台東間爬岩鰍；瀕臨滅絕魚種有兩種：溪鱧及菊池氏細鯽。

花蓮縣市

台中縣

宜蘭縣

和平溪

立霧溪

南投縣

木瓜溪

花蓮市

鯉魚潭

花蓮溪

壽豐溪

太

萬里溪

馬太鞍溪

平

花　蓮　縣

光復溪

富源溪

紅葉溪

洋

豐坪溪

秀姑巒溪

拉庫拉庫溪

台東縣

台灣
淡水魚
地圖

秀姑巒溪

主要河川

【秀姑巒溪】

　　秀姑巒溪發源於花蓮、台東兩縣交界之崙天山南麓，幹流長度81公里，流域面積1790平方公里，為東部最長的河流。景觀特殊，處處是激流、險灘，巨石散布岸邊，河域蜿蜒曲折，奇石林立，河水終年不斷，孕育豐富而穩定的魚類資源，清淨的溪河暢流不息，保護著日益稀少的特有魚種。

　　本流域所發現之魚種居東台

菊池氏細鯽

灣之冠，也包含所有東台灣溪流的任何魚種，一般常見魚種為：何氏棘魞、高身鏟頜魚、台灣鏟頜魚、粗首鱲、平頜鱲、鯽魚、鯉魚、羅漢魚、泥鰍、花鰍、蝦虎科、鯔科、慈鯛科等魚種；稀有魚種為：菊池氏細鯽、台東間爬岩鰍及溪鯉。

秀姑巒溪流域
河川、支流

【富源溪】

富源溪源於丹大山東麓，是秀姑巒溪北側的主要支流，長度約20公里，河水清澈，未受污染。常見魚種為：高身鏟頷魚、台灣鏟頷魚、極樂吻鰕虎、日本禿頭鯊、曙首厚唇鯊；稀有魚種為：鱸鰻、台東間爬岩鰍、溪鯉等。

富源溪

【紅葉溪】

紅葉溪發源於中央山脈東側之虎頭山，在未與秀姑巒溪交會前，是條位於山間的奔流河川，長度約14公里，與富源溪之魚種組成相同。常見魚種為：高身鏟頷魚、台灣鏟頷魚、日本禿頭鯊、極樂吻鰕虎、褐吻鰕虎、人為放流的粗首鱲，及稀有魚種：

紅葉溪

鱸鰻、台東間爬岩鰍、溪鯉等三種。

【豐坪溪】

豐坪溪發源於中央山脈卓溪鄉境，長度約30公里，是秀姑巒溪主要支流之一。因上游山區河段陡峭，沖刷嚴重，洪水挾帶大量土石沖刷而下，使得下游河段每年填高1公尺以上，下游平坦，較不利於魚類棲息躲藏，上游則河谷較深，河水清澈，魚類數量較多。常見魚種有：鯽魚、何氏棘䰾、台灣鏟頷魚、高身鏟頷魚、平頜鱲、褐吻鰕虎、日本禿頭鯊；稀有魚種為：台東間爬岩鰍、鱸鰻。

極樂吻鰕虎

鯽魚與何氏棘魞

溪鯉

平頷鱲

褐吻鰕虎

豐坪溪

台東間爬岩鰍

【拉庫拉庫溪】

拉庫拉庫溪發源於秀姑巒山南麓，長度約30公里，全段由於位於國家公園內，人為干擾不多，魚種及數量豐富。常見魚種有：鯽魚、何氏棘䰾、台灣石𩼧、高身鏟頜魚、台灣鏟頜魚、粗首鱲、白鰻、鯰魚、極樂吻鰕虎、褐吻鰕虎、日本禿頭鯊；稀有魚種為：台東間爬岩鰍及鱸鰻。

台灣石𩼧

鯰魚

拉庫拉庫溪

主要河川

【花蓮溪】

　　花蓮溪發源於中央山脈丹大山支脈之拔子山，長度57公里，流域面積1507平方公里，流經花蓮市、吉安鄉、壽豐鄉、萬壽鄉、鳳林鎮、光復鄉、秀林鄉、萬榮鄉。

　　花蓮溪上游湍急，出山谷後流勢較緩，下游溪面十分遼闊，近海處的河口反而狹小。本溪魚種及數量豐富，常見魚種爲：鯽魚、鯉魚、高身鯽、何氏棘䰾、台灣鏟頷魚、高身鏟頷魚、羅漢魚、粗首鱲、泥鰍、鯰魚、大口湯鯉、湯鯉、慈鯛科魚種、鯔科

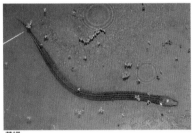

黃鱔

魚種、棕塘鱧、極樂吻鰕鯱、褐吻鰕鯱、日本禿頭鯊；珍稀魚種爲：菊池氏細鯽、台東間爬岩鰍、溪鱧、鱸鰻、黃鱔。

花蓮溪

花蓮溪流域河川、支流

【壽豐溪】

壽豐溪發源於中央山脈白石山東麓，長度約32公里，流域面積275平方公里，上游由安來溪、大安溪、西林溪、清昌溪等支流匯流而成。屬於河川上游，常見魚種有：台灣鏟頷魚、粗首鱲、褐吻鰕虎、日本禿頭鯊；珍稀魚種有台東間爬岩鰍、鱸鰻。

壽豐溪

【萬里溪】

萬里溪發源於中央山脈之安東軍山東麓，長度約40公里，流域面積264平方公里，屬較上游之河川。常見魚種有：何氏棘魞、

日本禿頭鯊

台灣鏟頷魚、粗首鱲、褐吻鰕虎、極樂吻鰕虎、日本禿頭鯊；珍稀魚種有：溪鱧、台東間爬岩鰍、鱸鰻等。

【馬太鞍溪】

馬太鞍溪發源於中央山脈東麓之丹大山，長度約24公里，流域面積約161平方公里，屬花蓮溪上游支流。常見魚種有：台灣鏟頷魚、粗首鱲、日本禿頭鯊、極樂吻鰕虎、褐吻鰕虎、花鰍等；珍稀魚種有：溪鱧、台東間爬岩鰍、鱸鰻。

萬里溪

台灣淡水魚地圖

粗首鱲

花鰍

鱸鰻

溪鱧

馬太鞍溪

光復溪

【光復溪】

　　光復溪發源於萬榮鄉之興魯郡山，長度約15公里，流域面積約53平方公里，記錄魚種為：白鰻、革條副鱊、粗首鱲、極樂吻蝦虎、褐吻蝦虎、日本禿頭鯊；外來魚種有高身鯽、食蚊魚、鯰魚、吉利慈鯛、尼羅口孵魚、莫三比克口孵魚；珍稀魚種為：菊池氏細鯽、台東間爬岩鰍及鱸鰻等。

【木瓜溪】

　　木瓜溪上游主支流清水溪，發源於能高山南山，本溪河床坡

吉利慈鯛

革條副鱊

莫三比克口孵魚

木瓜溪

降及水流量都很大，中下游成河階地、沖積扇及峽谷，清澈未受污染，全長41公里，流域面積468平方公里。常見魚種有：何氏棘魞、台灣鏟頜魚、粗首鱲、日本禿頭鯊、極樂吻蝦虎、褐吻蝦虎等；珍稀魚種有：香魚、台東間爬岩鰍、溪鱧、鱸鰻等，其中香魚多為農業局所放流。

立霧溪

次要河川

【立霧溪】

　　立霧溪發源於合歡山東麓，長度約為55公里，流域面積616平方公里，全段皆位於太魯閣國家公園之內，河段多為陡峻的山谷，由於下游被溪畔水壩所阻，魚種較少。一般常見為台灣鏟頷魚、日本禿頭鯊、極樂吻鰕虎等；出海口有鯔科魚種及雙邊魚等。

鯔科

雙邊魚

湯鯉

【和平溪】

　　和平溪發源於中央山脈南湖大山，主要有和平南溪與和平北溪兩條，幹線長度48公里，流域面積561平方公里。中下游常見魚種：台灣鏟頷魚、極樂吻鰕虎、褐吻鰕虎、日本禿頭鯊；出海口則多為鰕虎科、鯔科等魚種，偶爾可見湯鯉科魚種。

和平溪

水庫湖泊

【鯉魚潭】

　　鯉魚潭位於壽豐鄉鯉魚山下，潭景優美，爲花東公路名勝，是花蓮境內最大的內陸湖泊，面積約104公頃，水源引木瓜溪蓄水爲潭。常見魚種爲：鯉魚、鯽魚、革條副鱊、高體鰟鮍、黑鰱、青魚、草魚、鯉魚、七星鱧、慈鯛科魚種、極樂吻鰕鯱、褐吻鰕鯱等。

青魚

草魚

鯉魚潭

黑鰱

花蓮縣市河川簡介

　　花蓮古稱「奇萊」，在19世紀初，漢人移墾時，因見溪中河水流過綿延的阡陌，在出海口和海浪激盪，生生不息，所以稱為「洄瀾」，後人改為花蓮。

　　花蓮有兩大主要水系，分別為花蓮溪及秀姑巒溪。花蓮溪發源於中央山脈丹大山附近，支流有壽豐溪、萬里溪、馬太鞍溪、光復溪、木瓜溪等，均源自中央山脈，由於東部山多陡峻，水流湍急，各支流於花東縱谷內匯集，由花蓮市南方入海，出海口有廣大集水區，河口狹小，因為有道海浪沖積而成的長堤「砂嘴」地形，使河口呈現一片廣大水域。

　　秀姑巒溪則發源於秀姑巒山，有富源溪、紅葉溪、豐坪溪三大支流，於中央山脈匯集，形成秀姑巒溪。當河流搬運的沈積物至山谷，流速變慢，流量亦少，便形成沖積扇，在出海口成為各種壯觀的秀麗風景與巨石。

台灣 淡水魚 圖鑑

鱸鰻
Malbladeel

學名：*Anguilla marmorata* Quoy et Gaimard　　科名：鰻鱺科 Anguillidae

別名及俗名：土龍、花鰻、烏耳鰻

特　有　種：非台灣特有種

體　　　長：一般為40～100公分，少數可超過150公分。

分類型態：周緣性淡水魚

鑑別特徵：鱸鰻體型短胖，長條形如蛇狀，全身分泌黏液，身體背側褐色，但個體之差異相當大，有的全體深褐色，有些則佈滿金黃色的雲豹斑，腹部為灰白或全白，上下頜有絨毛狀的牙齒，既尖且細，背鰭起點至鰓裂短於至肛門的距離，背鰭起點約在胸鰭起點至肚門孔中央，胸鰭為橢圓形，無腹鰭，口裂很深，超過眼後緣。

生態習性：鱸鰻是降河性洄游魚類，多生活於中低河拔及平原湖泊的深潭。偶爾至陸地上攝食兩棲爬行類，大多是以守株待兔的方式獵捕魚蝦，亦食腐。由於國人認為其肉相當補，因此被大量捕捉，導致目前數量稀少，且河口污染嚴重，加上興建水庫攔沙壩等，使其無法溯河而上，現存數量稀少。

地理分布：全省各河川、湖泊及池沼的深潭，西部因污染嚴重，數量稀少，東部數量較為完整。

釣魚方式：此為珍貴稀有保育類野生動物，請勿違法捕捉。

虱目魚

學名：*Chanos chanos* (Forsskal)　　科名：虱目魚科 Chanidae

別名及俗名：安平魚、虱目魚、海草魚、麻虱目仔

特　有　種：非台灣特有種

體　　　長：一般為50公分左右，養殖可達150公分。

分類型態：周緣性淡水魚

鑑別特徵：體側扁細長，紡綞形，背及腹緣呈淺弧形，截面呈卵圓形，頭錐形，中大，吻尖突，端位，眼中大，上下頜鋤骨無齒，但有一瘤狀突起，上凸下凹相切合，體被圓鱗，鱗片細小，尾鰭分叉深，體背部青灰色，體側為銀色，腹部銀白，側線平直。

生態習性：熱帶或亞熱帶水域魚類，廣鹽性，可於海水或淡水中生存。生殖時，游向河口及沿海，善跳躍，在人工漁塭常可見其跳出水面，雌魚一次可產上百萬顆卵，成長速度快，攝食於底層之矽藻、藍線藻等及底棲軟體動物。

地理分布：全省皆有分布，以南部為多，北部較少。

釣魚方式：近海或臨海河口偶可釣獲。尾鰭極大，釣獲時拉力強大，為釣遊者所喜愛。釣法：車竿9-15呎，以沉底釣或浮標釣法皆可。釣鉤：基奴1-3號或類似之魚鉤。釣線：2-4號尼龍線。浮標：海釣浮標0.5-2錢重皆可。釣餌：蚯蚓、小蝦肉或市售之虱目魚香料餌皆可。

菊池氏細鯽

學名：*Aphyocypris Kikuchii* (Oshima)　　科名：鯉科 Cyprinidae

別名及俗名：細鯽仔、吉氏細鯽、馬達卡

特　有　種：台灣特有種

體　　　長：5公分左右。

分類型態：初級淡水魚

鑑別特徵：體延長，側扁，頭中大，頭頂略平，口端位，下頜較上頜突出，口向下斜裂，無鬚，鱗片大，腹面腹稜不完全，側線不完全，至腹鰭基部上方，體色為黃灰色，或淺黃褐色，背部淡黃綠色，腹部白色呈金屬光澤，各鰭淡黃或淺白色，體側眼後端至尾基部有一淺藍色縱帶。

生態習性：喜棲息於清澈、緩流之水域、池塘及河川，其命運與台灣白魚相當。現今東部地區亦受污染，再加上不當野放外來魚種，嚴重威脅本種。偏好水草繁生水域，捕食水面及水生昆蟲，會攝食藻類，性情活潑，跳躍能力強。

地理分布：宜蘭、花蓮、台東之河川、湖沼、池塘中，皆有少量分布。

釣魚方式：此為瀕臨滅絕之魚類，若誤釣，請放生。

淡水魚

粗首鱲
Minnow

學名：*Zacco pachycephalus* (Günther)　　科名：鯉科 Cyprinidae

別名及俗名：溪哥仔、闊嘴郎、苦粗仔、紅貓

特 有 種：台灣特有種

體　　　長：一般為5～10公分，最大可達35公分以上。

分類型態：初級淡水魚

鑑別特徵：體延長，側扁，頭較大，腹部圓，吻突出，口大，開於前端，斜裂於眼下方，雌魚口裂大於雄魚，下頜大於上頜上下頜契合，眼中大，體被中大型圓鱗，體背呈灰綠至銀色，體側及腹部較白，雄魚繁殖期時，全身色彩鮮艷，體側有10條淺藍色橫紋，鰭呈橘色或黃色，上、下頜有追星出現。

生態習性：本種性喜棲息於河川中、下游之某些溝渠，在水流湍急與緩慢之水域皆可發現。幼魚雜食性，成魚以肉食性為主，以小魚蝦及水生昆蟲等為主食，多與平頜鱲混棲，在此兩種魚中，體形最大。

地理分布：全省各中低海拔水域皆可發現，東部原無此種棲息，但人為放流使其遍佈全島。

釣魚方式：此魚種為溪釣釣遊者最常釣獲之魚種，因其遍佈各河川，且數量極多。釣法：以手竿浮標釣為主。釣竿：輕質之溪流竿12-15呎即可。釣線：0.2-0.6號尼龍線。釣鉤：袖型2-4號或類似者。浮標：溪流型浮標3-6號即可。釣餌：蚯蚓、市售之魚蟲或香料餌。

平頜鱲
Pale chub

學名：*Zacco platypus* (Temminck *et* Schlegel)　　科名：鯉科 Cyprinidae

別名及俗名：溪哥仔、細貓（雄魚）、寬鰭鱲

特 有 種：非台灣特有種

體　　　長：一般為5～10公分，最大可超過20公分。

分類型態：初級淡水魚

鑑別特徵：體延長，側扁，口端位，吻稍鈍，頭中大，下咽齒3列，唇厚，無鬚，口向下斜裂，未超過眼睛前端，全身銀亮，成魚魚體腹部銀白，體側有十多條上寬下狹的青亮色橫紋。雄魚在發情時，吻部、頰部及臀鰭皆有追星出現，臀鰭鰭條延長至尾鰭，外緣呈橘紅色，幼魚及雌魚則無此特徵。

生態習性：平頜食性偏素食，多為底藻及其他植物碎片及水生植物嫩莖，喜棲息於河川中游及水域之中、上層，生性活潑，群體行動，常與粗首群聚覓食，數量上只佔粗首鱲的1／5不到。

地理分布：以台中、苗栗以北的河川（不包括東部）皆有分布，北部河川，數量較多。

釣魚方式：此魚種為溪釣釣遊者最常釣獲之魚種，因其遍佈各河川，且數量極多。釣法：以手竿浮標釣為主。釣竿：輕質之溪流竿12-15呎即可。釣線：0.2-0.6號尼龍線。釣鉤：袖型2-4號或類似者。浮標：溪流型浮標3-6號即可。釣餌：蚯蚓、市售之魚蟲或香料餌。

台灣馬口魚

學名：*Candidia barbata* (Regan)　科名：鯉科 Cyprinidae

別名及俗名：山鰱仔、一枝花、台灣鬚、憨仔魚

特 有 種：台灣特有種

體　　　長：一般為10～15公分，最大可超過20公分。

分類型態：初級淡水魚

鑑別特徵：體延長而側扁，吻部短，口斜裂，口裂末端有短鬚2對，極易損壞，下頜前端有缺口，與上頜凸突之處吻合，略呈鉤狀，體被小圓鱗，鱗片排列整齊，側線完全，繁殖期時，雄魚鰓蓋呈青藍色，佈滿追星，各鰭呈橙紅色、黃色、火紅色，鰓蓋後方至尾鰭基部有條黑色縱帶，雌雄皆有。

生態習性：生性活潑，喜清澈水域，多分布於河川之中、上游水溫較低之處。幼魚雜食性，多於石塊、水草間或淺灘處，成魚則於深潭及河川中，泳力強、善跳躍，極貪食，在食物充足的環境下，本種會顯得非常肥胖。

地理分布：中央山脈以西的河川中、上游，分布普遍。

釣魚方式：此魚種生性兇猛，獵食性強，極易釣獲。因成魚體色優美，極適合觀賞養殖，為多數釣遊者所喜愛。釣法：手竿12-18呎溪流竿。釣鉤：袖型2-4號或類似之魚鉤。釣線：0.4-1.0號尼龍線。浮標：3-6號溪流標。釣餌：蚯蚓、小蝦、溪蟲或市售之魚蟲、香料餌均可。

台灣副細鯽

學名：*Pararasbora moltrechti* Regan　　科名：鯉科 Cyprinidae

別名及俗名：台灣白魚

特 有 種：台灣特有種

體　　　長：一般為3-5公分，最大可達8公分。

分類型態：初級淡水魚

鑑別特徵：體延長，側扁，頭中大，口上位，口裂向下斜走，無鬚，唇薄，眼中大，腹鰭基部有一不完全之肉稜，側線完全，臀鰭前方的鰭條較長，背鰭偏小，體淺黃白色，各鰭及腹部白色，背部淡黃綠色，體側自眼後至尾基有一灰藍色的縱線，體背黑色。

生態習性：喜棲息於池沼及溝渠中、河流較緩之水域，尤以水草繁生的河段為佳。生性活潑、喜跳躍，以藻類、小型水生昆蟲及掉落水面之小蟲為主食。

地理分布：僅分布於埔里附近的池沼，以及中部地區的少數溪流中。

釣魚方式：此為瀕臨滅絕之魚種，若誤釣，請放生。

196

青魚

學名：*Mylopharyngodon piceus* (Richardson)　　科名：鯉科 Cyprinidae

別名及俗名：烏鰡、草溜、黑溜

特 有 種：非台灣特有種

體　　長：最大可超過1公尺。

分類型態：初級淡水魚

鑑別特徵：體延長，前段圓筒形，後段側扁，腹部圓，頭中大型，口大，前位，吻鈍尖，上頜長於下頜，吻側無鬚，下咽頭具一行齒，臼齒形，故可咬碎蜆及螺貝類，側線完全，體被大型圓鱗，體色青黑，腹部灰白背部較深，各鰭爲黑色，成魚全身泛黑。

生態習性：原產於中國，是本科中相當大型之種類，主攝食泥底及河底之軟體動物，以螺貝類及蚌蜆類爲食。喜棲息於大河川、水庫、湖泊之中、下層水域，生長快速。

地理分布：全省各水庫、湖泊、池塘皆可見。

釣魚方式：此魚種爲淡水魚之大型魚，一般以養殖池塘收費性垂釣爲主。各水庫、湖泊亦可釣獲。釣法：沉底釣或浮標釣法皆可。釣竿：車竿9-15呎，或18-24呎硬調性手竿。釣鉤：基奴2-6號或類似者。釣線：3-5號尼龍線。釣餌：蚯蚓、福壽螺、蜆，或市售之豆餅塊皆可。

草魚
Crass carp

學名：*Ctenopharyngodon idellus* (Valenciennes)　　科名：鯉科 Cyprinidae

別名及俗名：鯇

特　有　種：非台灣特有種

體　　　長：最大可超過80公分。

分類型態：初級淡水魚

鑑別特徵：體形延長，前段為圓筒形，後部側扁，頭中大，吻短，嘴寬，口端位，斜裂，中大，腹部圓形，無肉稜，體背及側面青褐或黃褐色，側線完全，腹部銀白或乳白色，胸腹鰭黃色，其餘各鰭呈淺灰色。

生態習性：本種由中國引入，一般多見於水庫、湖泊之中、下層水域，以水生植物為主食，個性活潑，活動力強，常成群游泳及覓食。

地理分布：西部之水庫、湖泊、大型河川等水域。

釣魚方式：此魚種喜好於清晨或黃昏時段覓食，為雜食性魚種。釣法：沉底釣法或浮標釣法皆可。浮標釣以手竿15-21呎硬調性釣竿為宜。調鉤：基奴2-5號或類似之魚鉤。釣線：2-4號尼龍線。浮標：3-5號長型止水標。釣餌：蚯蚓、麥片、牧草心或市售香料餌均可。

大眼華鯿

學名：*Sinibrama macrops* (Günther)　　科名：鯉科 Cyprinidae

別名及俗名：大目孔

特　有　種：非台灣特有種

體　　　長：一般爲10公分，最大可達20公分。

分類型態：初級淡水魚

鑑別特徵：體延長側扁，背緣略高呈弧形，腹部圓，腹鰭有肉陵，頭小側扁呈三角形，眼大，口端位，斜裂，上下頜等長，無鬚，體被中大形圓鱗，易脫落，側線略呈弧形，體背青灰色，腹部銀白，體側無斑紋。

生態習性：性喜棲息於水流較緩水潭之中、下層水域，及平原之湖泊。雜食性，以水生昆蟲、藻類、小魚、小蝦爲食。

地理分布：北部之淡水河流域。

釣魚方式：此爲珍貴稀有魚種，若誤釣，請放生。

台灣細鯿
Chinese catfish, Far eastern catfish

學名：*Rasborinus formosae* Oshima　　科名：鯉科 Cyprinidae

別名及俗名：車栓仔、台灣黃鯝魚

特 有 種：非台灣特有種

體　　長：最大可超過10公分。

分類型態：初級淡水魚

鑑別特徵：體延長，側扁，頭小，眼小，吻短，口稍向前斜裂，無鬚，體被圓鱗，側線完全，腹鰭基部至肛門有一段肉稜，腹部呈圓形直至腹鰭，背鰭基部位於體背最小端，體色銀白，背部灰色，體側有一條黑色縱帶，尾鰭灰色，其餘各鰭的顏色較淡。

生態習性：本種喜棲息於平原河川流速較緩的地方，或是水塘、湖泊中、上層水域，及略優養化之水池。雜食性，以藻類、水生昆蟲及浮游動、植物為主食。

地理分布：原先分布於台北附近之湖泊，但數量相當稀少。

釣魚方式：此為瀕臨滅絕之魚種，若誤釣，請放生。

大鱗細鯿

學名：*Rasborinus macrolepis* (Regan)　　科名：鯉科 Cyprinidae

別名及俗名：車栓仔、大鱗鱎、高木氏細鯿、大鱗黃鯝魚

特 有 種：台灣特有種

體　　長：一般5公分左右，最大可達10公分。

分類型態：初級淡水魚

鑑別特徵：體延長，側扁，頭小，眼大，口端位，斜裂，體被圓形鱗，側線完全，曲狀，位於體中線，前段彎曲向下，腹部圓形，臀鰭基部長，尾深叉，體色淡黃，各鰭透明式乳白，背部顏色較深。

生態習性：一般多棲息於平原溪流、河川流速較平緩的地方，或湖泊水塘上層水域，及較優養化之水池。雜食性，以藻類、水生昆蟲及浮游動、植物為主食。

地理分布：於本省西南部水域曾有發現，近年來可能已滅絕，只剩金門有少量族群。

釣魚方式：此為瀕臨滅絕或已滅絕之魚種，若誤釣，請放生。

紅鰭鮊

學名：*Culter erythropterus* (Basilewsky)　　科名：鯉科 Cyprinidae

別名及俗名：曲腰魚、白魚、翹嘴巴、總統魚、短鰭鮊魚

特 有 種：非台灣特有種

體　　　長：一般體表為10～25公分，最大可超過50公分。

分類型態：初級淡水魚

鑑別特徵：體延長且側扁，頭背平直，背部隆起，腹緣弧形，腹鰭之基部凹入，
　　　　　背線高起，胸鰭向後伸展達腹鰭基部，腹面由此至肛門有一肉稜，頭
　　　　　及口中大，上位，直裂，下頜向上翹，無鬚，體背側鐵灰色，全身金
　　　　　屬光澤，腹部銀白色，各鰭顏色較淡，體側線以上之鱗後，皆有黑色
　　　　　斑點。

生態習性：分布於各水庫、湖泊之大型河川中、下層水域，覓食時至上層水域，
　　　　　性活潑，肉食性，專吃幼魚及落水之昆蟲，成長快速。

地理分布：全省之湖泊、水庫、河川中、下游及淡水水域。

釣魚方式：此魚種生性喜好獵食水中的小生物，因此極易釣獲。釣法：手竿浮標
　　　　　釣，路亞亦可釣獲。釣竿：12-18呎溪流竿。釣線：1-3號尼龍線。釣
　　　　　鉤：袖型4-7號或類似者。釣餌：蚯蚓、小蝦、魚蟲或市售之鯇、香餌
　　　　　皆可。

淡水魚

翹嘴紅鮊

學名：*Culter alburnus* (Basilewsky)　　科名：鯉科 Cyprinidae

淡水魚

別名及俗名：總統魚、曲腰魚、巴刀、翹嘴巴、翹頭仔

特 有 種：非台灣特有種

體　　長：一般為10～25公分，最大可超過45公分。

分類型態：初級淡水魚

鑑別特徵：體細長而側扁，頭背平直，頭後背部微隆起，口上位，下頜厚，突出上翹，口裂垂直，眼大，眼間窄而平坦，胸鰭向後伸展，未達腹部起點，腹稜不完全，腹稜由腹鰭基至腔門，臀鰭中等，背部及體側上部，為銀棕色或亮綠色，下部及腹部白色，各鰭呈灰黑色或灰色。

生態習性：此魚喜棲息於湖泊及大溝渠，生活於大面積水域中、上層，性情兇猛。肉食性，喜捕食水中的小蝦、小魚，有時成群於水面攝食，行動迅速、善跳躍，成長快速。

地理分布：分布於本省日月潭及嘉南平原水庫大渠，目前以翡翠水庫族群量最大。

釣魚方式：此魚種生性喜好獵食水中的小生物，因此極易釣獲。釣法：手竿浮標釣，路亞亦可釣獲。釣竿：12-18呎溪流竿。釣線：1-3號尼龍線。釣鉤：袖型4-7號或類似者。釣餌：蚯蚓、小蝦、魚蟲或市售之饅、香餌皆可。

鰲條

學名：*Hemiculter leucisculus* (Basilewsky)　　科名：鯉科 Cyprinidae

別名及俗名：克氏鱎、白鱎、苦槽仔、奇力仔、白條、海鰱仔

特 有 種：非台灣特有種

體　　　長：一般爲10公分左右，最大可超過15公分。

分類型態：初級淡水魚

鑑別特徵：體延長，側扁，背緣平直，頭尖，吻短，口端位，向下斜裂，上下頜等長，眼中大，腹緣微凹，體被圓鱗，側線完全，背鰭具硬棘，尾鰭深叉，背部呈青灰色金屬光澤，側面及腹部爲銀白色，尾鰭灰黑，全身大體上呈耀眼之金屬光澤，繁殖季節雄魚鰓附近會出現追星。

生態習性：本種多生活於水域表層。雜食性，個性活潑，舉凡水上之藻類、昆蟲，無所不吃，活動時成群結隊，幼魚亦於表層活動，喜跳躍出水面，產卵於水生植物及水面之漂流物上，量多且黏。

地理分布：全省各大河川、水庫、湖泊、池塘皆有。

釣魚方式：此魚種於全省各大水庫均可釣獲。釣竿：12-18呎溪流竿。釣鉤：袖型2-4號或市售之串鉤釣。釣線：0.6-1.5尼龍線。浮標：長型止水標或溪流浮標皆可。釣餌：市售之粉狀誘餌，拌水撒入水中集魚，再以串鉤釣投入水中晃動，即可釣獲。

團頭魴

學名：*Megalobrama amblycephala* Yih　　科名：鯉科 Cyprinidae

別名及俗名：武昌魚

特 有 種：非台灣特有種

體　　　長：一般為15～25公分，最大可超過30公分。

分類型態：初級淡水魚

鑑別特徵：體高而側扁，略似菱形，頭短小且尖，口小，前位，頭後背隆起明顯，體版中大型圓鱗，側線完全，體背側深灰色，身體呈銀灰色，腹側灰白，各鰭淺灰色，側邊鱗片邊緣深色。

生態習性：棲息於河川、湖泊之中下層水域，喜好底層淤泥、砂多及水草繁生之處。雜食性，成魚以水生植物為主食，幼魚以小型甲殼類及水生昆蟲為主食，卵具黏性，附著於水草上。

地理分布：以南部少數湖泊、池塘及溝渠為主，多為養殖逃逸魚。

釣魚方式：此魚種生性膽怯，垂釣時極怕吵雜聲。以手竿浮標釣法為宜，竿長：12-18尺溪流竿。釣鉤：袖型3-5號類似之魚鉤。釣線：0.4-1.2號尼龍線皆可。浮標：長型止水標2-5號可適用。釣餌：饅餌、香餌皆可，饅餌以蚯蚓為主，香餌以麥片浸泡香精或市售之香料餌即可。

圓吻鯝

學名：*Distoechodon tumirostris* (Peters)　　科名：鯉科 Cyprinidae

別名及俗名：戀魚、扁圓吻鯝、更魚、鯝魚、憨魚、甘仔魚、扁圓細鯝

特 有 種：非台灣特有種

體　　　長：一般體長爲10～20公分，最大可超過30公分。

分類型態：初級淡水魚

鑑別特徵：體長而側扁，口下位，橫裂，下頷具角質，吻鈍，頭小，眼大，口無鬚，體被細小圓鱗，側線完全，沿體側中央向下彎達尾柄中央，體色爲銀白色，體背側灰黑，腹部及側面銀白，背鰭及尾鰭爲淺黃色，胸鰭及腹鰭呈暗黃色。

生態習性：喜棲息於礫石底之湖泊及河川之中、下層水域，常群聚覓食，成長緩慢，利用下頷刮取礫石之菁苔及底藻爲食，能耐缺氧之水域，幼魚清晨時，於水面攝食水藻。

地理分布：只分布於宜蘭及北部少數河川、湖泊水庫中，數量不多。

釣魚方式：局部分布之珍貴稀有魚種，若釣獲，請放生。

淡水魚

高體鰟鮍

學名：*Rhodeus ocellatus* (Kner)　　科名：鯉科 Cyprinidae

別名及俗名：牛糞鯽仔、點鱗、鰟魚、紅目鯽仔、奇力仔

特　有　種：非台灣特有種

體　　　長：一般爲4公分左右，最大可達8公分。

分類型態：初級淡水魚

鑑別特徵：體型小，頭小，體側扁，高而薄，以背鰭基點爲最高。吻短且鈍，口小無鬚，眼大，體被圓鱗，臀鰭小於背鰭，側線而完全，只有前七個鱗片有側線。一般體色爲銀灰，有時個體成美麗的寶石藍，雌魚全身淡紅色、帶青色鱗光，幼魚背鰭前3枚鰭條上端有塊黑斑。雄魚繁殖季節背部淺藍，尾部中央部分有條寶藍色縱帶，鰭末端爲淡紅色。

生態習性：此種魚類繁殖方式特殊，雌魚有一條特化的產卵管，可伸入斧足類將卵產於貝類之鰓中，藉由貝類的呼吸而使卵可以不致缺氧，如遇乾旱，河蚌會深入土中保護卵。雜食性，以浮游生物、藻類、小型節肢動物等爲食。

地理分布：本省各低海拔河川、湖泊或溝渠之靜水域皆可發現，惟污染嚴重及外來種引進，增加競爭及天敵，目前數量已銳減。

釣魚方式：水庫或河流之潭區較易釣獲。釣法以手竿6-12呎溪流竿爲宜。釣鉤：袖型1-2號或秋田1-3號鉤。釣線：0.2-0.6號尼龍線。浮標：小號之長浮標或溪流標2-4號爲宜。釣餌：小蚯蚓或市售之香料餌皆可。

革條副鱲

學名：*Paracheilognathus himantegus* Günther　　科名：鯉科 Cyprinidae

別名及俗名：台灣石鮒、苦目魚仔、紅目狗貓仔、副彩鱲、牛屎鯽仔

特 有 種：非台灣特有種

體　　　長：一般為4公分左右，最大可達8公分。

分類型態：初級淡水魚

鑑別特徵：體形側扁長圓型，頭部短小，吻鈍圓且短，口小下位，口角見鬚一對，體被圓鱗，側線完全，雌雄體色差異大，雄魚體色全身銀亮，夾帶綠色金屬光澤，體側鱗片末端皆有黑色邊，而臀鰭至尾柄的側線呈黑色，背鰭有兩列黑點，眼部上半微紅色，繁殖季節有追星。雌魚銀亮具紅色金屬光澤，各鰭橘紅，體長較雄魚長，具產卵管。

生態習性：本種繁殖方式特殊，常被當作生物教材教學。雌魚有一條特化的產卵管，伸入斧足類之鰓中，可受到保護，亦可藉由貝類的呼吸，得到充分的氧氣供應。雜食性，以水藻、小型節肢動物及浮游生物為食。

地理分布：本省各低海拔河川、湖泊水庫及水潭、溝渠，皆可發現其蹤跡，但下游污染嚴重及外來種引進，增加天敵及競爭，目前數量銳減。

釣魚方式：此魚種魚體極小，各水庫或河流之潭區較易釣獲。釣法以手竿6-12呎溪流竿為宜。釣鉤：袖型1-2號或秋田1-3號鉤。釣線：0.2-0.6號尼龍線。浮標：小號之長浮標或溪流標2-4號為宜。釣餌：小蚯蚓或市售之香料餌皆可。

條紋二鬚魮

學名：*Puntius semifasciolatus* (Günther)　　科名：鯉科 Cyprinidae

別名及俗名：牛糞鯽仔、紅目猴、紅目鮘

特 有 種：非台灣特有種

體　　　長：一般為5公分左右，最大可達7公分。

分類型態：初級淡水魚

鑑別特徵：體小型而側扁，頭短，吻短小，與眼徑等長，口小，呈馬蹄型斜裂，上頜較下頜長，有一對鬚，體被大圓鱗，有完全的側線，下彎延伸至尾基部，體側有四條橫帶和數條黑斑，黑斑呈不規則狀，背鰭臀鰭基部有鱗鞘，雄魚的背鰭邊緣和尾鰭，略帶橘紅色，有時側線以上呈翠綠色金屬光澤，眼睛上半部呈紅色，故名之。

生態習性：棲息於河川湖泊的淺灘或小水灘、溝渠、田溝、水流不急或完全靜止的水中，常與革條副鱊及高體鰟鮍混生其中。雜食性，以藻類、水生昆蟲、小蝦等為食。本省平原污染嚴重，大量使用農藥、化學肥料，使得其族群快速消失，假以時日可能再也無法發現，但某些水族館因本種外型適合觀賞，曾使用人工繁殖，或許十年後，這些繁殖的種魚是唯一存活的。

地理分布：本省西部未受污染的清澈溝渠及水塘，數量稀少，極為罕見。

釣魚方式：此為珍貴稀有魚種，若釣獲，請放生。

淡水魚圖鑑

高體四鬚䰾

學名：*Barbodes pierrei* (Sauvage)　　科名：鯉科 Cyprinidae

別名及俗名：四鬚䰾

特 有 種：非台灣特有種

體　　　長：一般長15～20公分，最大可達30公分。

分類型態：初級淡水魚

鑑別特徵：體高而側扁，剖面為菱形，頭小且短，吻短薄，上頜略下頜微突，有鬚2對，口斜裂，眼大，側位，體被大型鱗，背緣線較隆起，背鰭及臀鰭皆有鱗鞘尾鰭深叉，體呈金屬白色，有時亦呈淺藍綠色，背部淺灰，腹部白色，股鰭淡黃色，其餘鰭較淡。

生態習性：棲息於低海拔及平原之河川、生性活潑，喜水域中、下層。雜食性，水生昆蟲、甲殼類、小魚、藻類皆不放過。耐污染，本種為外來種，原產於中南半島，放流於河川中，對台灣本土魚類威脅大。

地理分布：普遍分布於西南部平原及低海拔溪流。

釣魚方式：此魚種屬於初期外來魚種，分布並不廣泛，釣遊者僅能偶爾釣獲。釣法：12-15呎溪流竿。釣鉤：改良半倒鉤4-6號即可。釣線：1-3號尼龍線。浮標：長型止水標2-4號。釣餌：蚯蚓、小蝦、市售之魚蟲或香料餌皆可。

淡水魚

何氏棘䰾

學名：*Spinibarbus hollandi* Oshima　　科名：鯉科 Cyprinidae

別名及俗名：留仔、更仔、卷仔、粗鱗仔

特 有 種：非台灣特有種

體　　長：一般為15～30公分，亦有超過60公分者。

分類型態：初級淡水魚

鑑別特徵：身體延長，約呈筒狀，後部漸側扁，頭部尖，吻鈍且突。鬚2對，頷鬚較吻鬚長。全身銀白色，背部淺藍灰色，腹部略淡，側邊鱗片有一月型的黑斑，幼魚的鰭末端呈黑色，成魚則為橙紅色。成魚之雄魚有追星，雌魚有時亦有。為台灣原生種魚類最大型之一。

生態習性：幼魚喜棲息於河川的緩流及淺水域，成魚生性活潑，善跳躍，多棲息於大河川之中下層水域。雜食性，以小魚蝦、水生昆蟲及藻類為食，其下頷發達，可嚼碎螺貝類。於日間活動，昏暗時多休息。

地理分布：分布於西南部的曾文溪、高屏溪及東部的大型河川、溪流和深潭。

釣魚方式：此魚種生性兇猛，喜好獵食小魚、小蝦等生物。釣法：路亞假餌或沉底直感釣法皆可。路亞釣竿：5-7呎之中型路亞竿即可，釣線：6-8磅之路亞釣線。假餌：中～小型之蟲型或魚型假餌，皆可釣獲。沉底釣法則以5-8號伊勢尼鉤即可。釣線：1-3號尼龍線。鉛垂：1-5錢重皆可。釣餌：蚯蚓、小溪魚或小蝦、市售之魚蟲，皆可釣獲。

台灣石䲗

學名：*Acrossocheilus paradoxus* (Günther)　　科名：鯉科 Cyprinidae

別名及俗名：石冰仔、石䲗、石斑、秋斑

特　有　種：台灣特有種

體　　　長：一般15～20公分，最長可超過30公分。

分類型態：初級淡水魚

鑑別特徵：體形側扁，頭大且尖，呈紡錘狀，幼體及雌體體色呈黃褐色，體背顏色較深，成魚體色較深，呈黑綠色，本種雌雄皆有追星，雌魚體型較大，且臀鰭較雄魚長且尖，雄魚發情期，體色呈黑色的金屬光澤。口略寬，吻圓鈍而前緣突出，有鬚2對，一般體側有7條黑色橫帶，北部出產者多為7條，南部則多為6條，魚卵有毒，請勿食用。

生態習性：產卵期多集中於3～11月，產於水底富汙泥及河沙、細石之處。本魚種多分布於未受污染及清澈之溪流深潭之中，雜食性，舉凡藻類、水生昆蟲，甚至有機物碎屑和底泥，皆不放過。

地理分布：全省皆有分布，以中央山脈以西各水系為主，東部近年來亦有多事者放流，多集中於西部中低海拔、水流湍急、溶氧量較高的溪流中，無法生存於污染嚴重的溪流。

釣魚方式：釣法以手竿浮標釣法或沉底釣法皆可，一般以手竿釣較常用。手竿：12-15呎溪流竿。釣鉤：袖型2-3號或秋田2-4號皆可。釣線：0.2-0.8號尼龍線。浮標：溪流浮標3-8號皆可。餌料：溪蟲或市售香餌皆可。

淡水魚

高身鏟頷魚
Taiwan Ku-fish

學名：*Varicorhinus alticorpus* (Oshima)   科名：鯉科 Cyprinidae

別名及俗名：鮸仔、赦鮸、高身鯝魚

特　有　種：台灣特有種

體　　　長：一般為20～30公分，最大可超過50公分。

分類型態：初級淡水魚

鑑別特徵：體長而側扁，體高而隆起，腹部圓，背鰭基部為體高之最上端，頭頂亦有顯著隆起，頭短小，吻略向前突出，上頜可達眼眶前緣，下頜前緣略呈弧形，口無鬚有角質邊緣，眼小，間距寬，體被中型圓鱗，側線完全略呈弧形，體背為青綠色，鰓蓋下緣、胸鰭、腹鰭及臀鰭均呈粉紅色，體側下半部與腹部為銀白色，鰭條為灰黑色。

生態習性：喜歡水流湍急、水流量大、水質清澈的溪流中、上游等水域，以附著於岩石上之藻類為主食，亦食動物性食源，豐水期分布的範圍較大，成長迅速。

地理分布：曾文溪、高屏溪以南及東部溪流，如高屏溪、卑南溪、秀姑巒溪。

釣魚方式：此為瀕臨絕種之保育類野生動物，請勿違法捕捉。

台灣鏟頜魚

學名：*Varicorhinus barbatulus* (Pellegrin)　　科名：鯉科 Cyprinidae

別名及俗名：苦花、鯝魚、苦偎、齊頭偎

特　有　種：非台灣特有種

體　　　長：一般為10～20公分，最大可超過50公分。

分類型態：初級淡水魚

鑑別特徵：體延長，略圓，身軀呈圓筒形，頭寬圓，前端尖，吻短，吻向前略突，口下位橫裂，成魚吻端有追星，下頜呈鏟狀，有小鬚2對，體銀白色，背部蒼黑色，腹部淺黃或淡白，背側鱗片基部見黑點，背鰭鰭膜黑色，眼睛上半部後緣呈淺紅色。

生態習性：性喜棲息於水溫較低（20℃）河川之中、上游之中、下層水域中。雜食性，以石頭上之藻類為主食，亦攝食落水之昆蟲及水生昆蟲，受驚嚇時，會躲藏於石縫中。

地理分布：全省各溪流中、上游，且未受污染之清澈河流中。

釣魚方式：此魚種喜好處於溪流之激流中，活動力極強，為深山釣遊者所喜愛之垂釣魚種。釣法：15-21呎溪流竿。釣鉤：袖型3-5號或類似之魚鉤。釣線：0.6-1.2號尼龍線。鉛垂：0.5-2錢中通鉛或咬鉛均可。釣餌：蚯蚓、水中之石蟹或土司麵包皆可。

鯁魚

學名：*Cirrhinus molitorella* (Cuvier *et* Valenciennes)　科名：鯉科 Cyprinidae

特　有　種：非台灣特有種

體　　　長：一般體長10～30公分，最大可超過50公分。

分類型態：初級淡水魚

鑑別特徵：體形高大而側扁，背部為弧形，鱗片粗大，腹部圓背部銀青色，腹部銀白色。口小，上下頜邊緣皆具角質薄鋒，吻短而圓，有鬚2對，但皆短小，吻鬚粗，頜鬚細小，胸部鱗片小，側線向後延伸至尾柄，各鰭皆透明或呈淡色，胸鰭基部有深藍灰色的斑點，聚集呈菱形黑斑，尾鰭大呈深叉狀，幼魚尾鰭基部有一黑斑。

生態習性：鯁魚為中國大陸引進種，棲息於水域之底層，喜好較高之水溫。偏植食性，以底泥和石頭上的藻類為主，亦會捕食水生昆蟲、小魚和蝦，活動力強，喜群游。

地理分布：全省皆有分布，以中南部為多，多棲息於水庫湖泊及大型河川。

釣魚方式：此魚種爆發力強勁，拉力十足，為釣遊者的最愛，但警覺性高，不易釣獲。釣法：車竿沉底釣或手竿浮標鉤皆可。釣鉤：伊豆8-10號鉤或類似之魚鉤。釣線：1.5-36號尼龍線。釣餌：市售之鯁魚餌或以香料為主之餌料皆可。

唇䱻

Chinese catfish, Mudfish, Far eastern catfish

學名：*Hemibarbus labeo* (Pallas)　科名：鯉科 Cyprinidae

別名及俗名：竹篙頭、竹竿魚、眞口魚、鯭魚、鯭

特 有 種：非台灣特有種

體　　　長：一般爲15公分左右，最大可達40公分。

分類型態：初級淡水魚

鑑別特徵：體延長且側扁，腹部圓形，頭大且尖，吻長突出，口下位，唇呈弧形，大而發達，向前伸展，眼大，上側位，有一對觸鬚，身體筒狀，前粗後細，體背側淡青綠色或金屬光澤，上有中小型之圓鱗，側線完全，腹部白色，幼魚背部有黑色雜斑。

生態習性：夜行性魚種，喜棲息於較大之河川或深潭，夜間至近岸水域覓食。肉食性，以嘴挖掘河底之小礫石，吸取螺及水生昆蟲，具有咽齒，可將螺殼咬碎。大雨過後、洪水暴漲時最爲活躍，無法生存於泥底水域。

地理分布：北部淡水河及附近之河川。

釣魚方式：此魚種爲夜行性魚種，但白天亦可釣獲。釣法：沉底釣或浮標釣法皆可。釣竿：15-21呎溪流竿或車竿9-12呎爲宜。釣鉤：袖型4-8號或類似者。釣線：0.8-1.5尼龍線。浮標：長型止水浮標4-6號。釣餌：蚯蚓、小蝦、魚蟲或市售之鯉魚餌、鰱餌皆可。

羅漢魚

學名：*Pseudorasbora parva* (Temminck *et* Schlegel)　科名：鯉科 Cyprinidae

別名及俗名：車栓仔、麥穗魚、尖嘴仔、老漢魚

特 有 種：非台灣特有種

體　　　長：最大可達10公分。

分類型態：初級淡水魚

鑑別特徵：體細長而側扁，腹部圓，尾柄長，頭小呈尖狀，上下平扁吻端突出，唇薄、無鬚，口小上位，口裂垂直，鰓耙已退化，全身鱗列排列整齊，側線完全平直，體被中大型圓鱗，體側有一條黑色縱帶，體側銀白，體背灰黑，雄魚於繁殖季節時，吻部有追星，體側及鰭的顏色較深，雌魚及幼魚則無。

生態習性：本種為平原水域常見之小型鯉科魚種，數量普遍，喜棲息於湖泊、水庫、水塘等靜止水域，數量相當多，但河川中之數量較少。雜食性，攝食水草、藻類及落水之昆蟲，亦攝食小型水生昆蟲，個性活潑，時常群體活動。

地理分布：全省平原水域皆有分布。

釣魚方式：釣法：手竿6-12呎溪流竿。釣鉤：袖型1-2號或秋田1-2號鉤即可。釣線：0.2-0.4尼龍線。浮標：長型止水型1-2號浮標。釣餌：小蚯蚓、市售之香料釣餌，餌團越小，越容易釣獲。

飯島氏頜鬚鮈

學名：*Squalidus iijimae* (Oshima)　　科名：鯉科 Cyprinidae

別名及俗名：飯島氏麻魚、車栓仔、台灣頜鬚鮈

特　有　種：台灣特有種

體　　　長：最大可達10公分。

分類型態：初級淡水魚

鑑別特徵：體延長，側扁，腹圓形，頭中大，頭頂微突起，吻端尖，有一對鬚，口斜裂，眼大，上位，體被中大型圓鱗，側線完全，胸鰭末端可達腹鰭基部，頭背呈灰黑色，體背側灰褐，腹部白色，側線附近有一條呈散塊狀之黑色縱帶，有金色光澤，鱗片上具有黑點。

生態習性：生活於河川中、下游水流平緩之河段及渠道、水塘中。雜食性，以水生昆蟲、藻類等為食，可生活於溶氧量低之水域中。

地理分布：數量稀少，只分布於頭前溪、後龍溪、中部烏溪之支流中。

釣魚方式：此為瀕臨滅絕之魚種，若誤釣，請放生。

淡水魚

高身鎌柄魚

學名：*Microphysogobio alticorpas* Banarescu *et* Nalbant　科名：鯉科 Cyprinidae

別名及俗名：車栓仔、高身小鰾鮈、黑鰭鮻、短吻棒花魚、斑鮻、留仔

特 有 種：台灣特有種

體　　　長：一般5公分左右，最大可達10公分。

分類型態：初級淡水魚

鑑別特徵：體延長，側扁，前部圓筒狀，腹部圓，後端側扁，頭小吻短，口下位，口裂小，呈馬蹄形，上下頜邊緣具角質，有一對短鬚，體呈棕色，體側無明顯黑斑，側線完全，平直，具中大形圓鱗，體背具有不規則之小黑斑，體側中央有一條黑色縱帶，尾柄上有一黑色斑點，各鰭於繁殖期呈橙紅色，吻部有追星。

生態習性：性喜棲息於河川寬廣、水流較緩之河段。雜食性，以藻類及水生昆蟲為食，常成群聚集於石塊上啃食藻類。

地理分布：本省西南部之河川中、下游皆有分布。

釣魚方式：此魚種以啃食石頭上的苔、藻為食，極易釣獲。一般於溪釣時偶而釣獲，少有釣遊者將此魚種視為對象魚。觀賞養殖則多以捕蝦網撈捕。

短吻鎌柄魚

學名：*Microphysogobio brevirostris* (Günther)　　科名：鯉科 Cyprinidae

別名及俗名：車栓仔、短吻棒花魚、短吻小鰾鉤

特 有 種：台灣特有種

體　　長：最大可達10公分。

分類型態：初級淡水魚

鑑別特徵：體延長側扁，呈短棒狀，腹部平坦，頭中大，吻鈍短，頭背部稍隆
　　　　　起，口小，下位，上下頜具角質緣，具有許多小乳突，有鬚1對，胸鰭
　　　　　向兩側延伸，側線完全，體被中大型圓鱗，體呈灰棕色，體背則有5～
　　　　　6個細小黑斑，體側有一條黑灰色之縱紋，不連續且不規則，各鰭均有
　　　　　黑色斑點。

生態習性：本種腹鰭腹位，可以貼住河底之石頭，喜棲息於深潭及淺灘之礫石
　　　　　處。以啃食石塊上之藻類為食，亦攝食水生昆蟲，雜食性，喜群體活
　　　　　動。

地理分布：本省西北部河川中、下游皆有分布。

釣魚方式：此魚種以啃食石頭上的苔、藻為食，極易釣獲。一般均於溪釣時偶而
　　　　　釣獲，少有釣遊者將此魚種視為對象魚。觀賞養殖則以捕蝦網撈捕。

鯉魚
Common Carp

學名：*Cyprinus carpio carpio* Linnaeus　科名：鯉科 Cyprinidae

別名及俗名：鮘仔

特 有 種：非台灣特有種

體　　長：一般10～30公分，最大可超過60公分。

分類型態：初級淡水魚

鑑別特徵：體延長，身體側扁，呈紡錘形，背緣淺弧形，腹緣亦同，超過40公分以上者，肚子幾乎是圓的。頭中等大小，吻鈍圓，口小，斜裂，上頜包下頜，呈圓弧形，有2對鬚，眼中大，上側位，體被圓鱗，側線完全，體背部暗灰色，體側及腹部銀白色，胸腹鰭金黃色。

生態習性：性喜棲息於水域之中、下層，尤其是河川的深潭及水草較多的地方。雜食性，幼魚多以藻類及浮游生物爲食，成魚偏肉食性，貪食，連蜆、螺等都不放過。可於受污染且低溫、低溶氧的水域中存活。

地理分布：全省皆有分布，低海拔至平原較多，甚至連高山湖泊皆有。

釣魚方式：此爲相當大眾化之釣遊魚種，全省各河川、水庫皆有，極易釣獲。釣法：沉底或手竿釣法皆可。沉底釣與鯰魚釣法類似。手竿釣法以15-24呎手竿皆可。釣鉤：基奴1-3號或類似之魚鉤。釣線：0.8-3號尼龍線。浮標：長型止水標1-5號皆可。釣餌：蚯蚓、小蝦或市售之鯉魚餌均可。

鯽魚
Golden Carp

學名：*Carassius auratusauratus* (Linnaeus)　　科名：鯉科 Cyprinidae

別名及俗名：鯽仔、土鯽、鯽仔魚、銀鯽

特 有 種：非台灣特有種

體　　　長：一般約10～20公分，最長可達25公分。

分類型態：初級淡水魚

鑑別特徵：體型側扁且延長，前段呈弧形，後段及腹部呈圓形具大型圓鱗，側線
　　　　　完全，吻圓鈍而無鬚，無肉稜，頭小而鈍圓，背鰭第三根硬棘及臀鰭
　　　　　最後一根硬棘後緣呈鋸齒狀，尾鰭分叉較淺，腹膜黑色，體背銀灰
　　　　　色，整體常呈金黃色調。

生態習性：喜棲息於水草茂盛之水域，性警覺，以底棲之動物或水生昆蟲爲食。
　　　　　其適應環境的能力相當強，耐污染。繁殖於春季，卵具黏性，附著於
　　　　　水草、水底枯木上。

地理分布：廣泛分布於全省各地河川中、下游、湖泊、水池、水溝。

釣魚方式：此魚種生性膽怯，垂釣時極怕吵雜聲。以手竿浮標釣法爲宜，竿長：
　　　　　12-18呎溪流竿。釣鉤：袖型3-5號類似之魚鉤。釣線：0.4-1.2號尼龍線
　　　　　皆可。浮標：長型止水標2-5號可適用。釣餌：餵餌、香餌皆可，餵餌
　　　　　以蚯蚓爲主，香餌以麥片浸泡香精或市售之香料餌即可。

日本鯽
Deep-bodied Cru-cian carp

學名：*Carassius cuvieri* Temminck *et* Schlegel　　科名：鯉科 Cyprinidae

別名及俗名：日鯽、高身鯽、鯽仔、屈氏鯽、源五郎鯽

特 有 種：非台灣特有種

體　　　長：一般不超過30公分，最大高達50公分。

分類型態：初級淡水魚

鑑別特徵：體形延長，高而側扁，背前緣部較隆出，腹部較圓，幼魚期與鯽魚相似，較難區分，頭小吻圓鈍，體背銀灰色，且有中大型之圓鱗，體側及腹部略呈淺黃色而有銀白光澤，側線完全。鰓耙較鯽魚密，尾柄寬，尾呈淺叉形。

生態習性：日本鯽由日本引進，主喜好水流緩和、水庫及深潭之表層水域，鰓耙密，可濾食水中之植物性浮游生物、藻類及有機碎屑，吃餌時是用吸的，不經咀嚼，相當特殊，環境適應力強。

地理分布：本省各地之水庫、湖泊、河川中、下游，以中北部居多。

釣魚方式：此魚種之習性與本土鯽魚相近，但其泳層較偏向中、表層水域。垂釣時需隨時調整釣棚深度，以確定魚所處之深度。釣法：15-21呎軟調性之鯽魚竿，溪流竿亦可。釣鉤：改良半倒鉤4-6號或新關東0.5-1號鉤。釣線：0.6-1.5尼龍線。浮標：長型止水標2-5號。釣餌：蚯蚓或市售之鯽魚香料餌即可。餌則採用易鬆散者為佳。

陳氏鰍鮀

學名：*Gobiobotia cheni* Banarescu *et* Nalbant　　科名：鯉科 Cyprinidae

別名及俗名：八鬚鯉、台灣鰍鮀

特 有 種：台灣特有種

體　　長：5～10公分。

分類型態：初級淡水魚

鑑別特徵：體延長，前段呈筒狀，後部稍側扁，背部隆起，頭胸及腹部平坦，頭中大，平扁，吻圓鈍，口下位，弧形，有4對鬚，眼中大，上側位，側線完全，體被中小型圓鱗，體背灰褐色，腹部灰白色，側線上方有一條黑色縱線，不甚明顯，各鰭為淡黃或黃棕色。

生態習性：喜棲息於高溶氧量之河川溪流底層。雜食性，以水底之小型水生昆蟲、小型無脊椎動物及藻類為主食，也能耐缺氧之水域。

地理分布：只分布於大肚溪、濁水溪及其少數支流。

釣魚方式：局部分布之珍貴稀有魚種，若釣獲，請放生。

中間鰍鮀

學名：*Gobiobotia intermedia* Banarescu *et* Nalbant　　科名：鯉科 Cyprinidae

別名及俗名：八鬚鯉

特 有 種：台灣特有亞種

體　　　長：一般7～8公分，最大可達10公分。

分類型態：初級淡水魚

鑑別特徵：身體延長，前段圓筒形，頭胸至腹部平坦，後部稍側扁，頭扁平，吻圓且鈍，鼻孔後方隆起，吻部突出，口下位，眼中大，上位，共有4對鬚，3對頷鬚，其基部有許多乳突，側線完全，體背呈黃褐色，有小斑點，體側中央由7～9塊不規則黑斑所形成，腹面灰白色，背鰭、尾鰭較黑，其餘的鰭灰白色。

生態習性：本種分布於河流湍急之處、需高溶氧量的水域，喜居底層。雜食性，以濾食底砂中之有機物或石塊上之藻類爲食，喜好較深之水域。

地理分布：本種只分布於高屛溪中游及附近之流域。

釣魚方式：此爲瀕臨滅絕之魚種，若誤釣，請放生。

黑鰱

學名：*Aristichthys nobilis* (Richardson)　　科名：鯉科 Cyprinidae

別名及俗名：大頭鰱、鱅、花鰱、竹葉鰱、黑鱅、紅鰱、胖頭鰱

特　有　種：非台灣特有種

體　　　長：可達50～100公分。

分類型態：初級淡水魚

鑑別特徵：體延長而側扁，腹鰭底部至肛門有肉稜，腹部圓，頭大且圓。吻寬，口裂深，向下斜，鰓耙窄長排列緊密，細密互不相連，咽頭有齒一行，齒面寬大，鱗片細小，側線完全，胸鰭大，至腹鰭基部，臀鰭三角形，尾鰭大且分叉深，頭部黑色，體背黑褐而稍有金黃色，腹部銀白色，體側有不規則黑斑塊，幼魚背側有雜斑。

生態習性：本種性情溫馴，常緩游於水域上層，以攝食動物性浮游生物為主，成長快速，因此為許多養殖戶所喜好，為中國大陸引入之外來種。

地理分布：黑鰱於本省各湖泊、水庫皆有放養。

釣魚方式：此魚種為淡水魚類之表層大型釣遊魚，喜食酸性餌料。釣法：遠投車竿12-18呎配上中、大型捲線器。釣鉤：鰱魚專用之八爪釣鉤組。釣線：6-10號尼龍線。釣餌：市售之鰱魚專用餌，或自行泡製之酸性餌料亦可。

淡水魚

白鰱

學名：*Hypophthalmichthys molitrix* (Valenciennes)　　科名：鯉科 Cyprinidae

別名及俗名：白葉鰱、竹葉鰱、鰱魚

特 有 種：非台灣特有種

體　　長：最大可超過2公尺。

分類型態：初級淡水魚

鑑別特徵：體延長而側扁，體側較高，至臀鰭後較窄，頭大，吻圓鈍，寬短，眼小，下側位，鰓耙特化，似海綿般，可過濾浮游生物，體被細小圓鱗，側線完全，前段彎成弧形，後端平直至尾鰭基部，體背顏色較深，呈淡灰黑色，側面下部銀白色，鰭淡黃褐色，尾鰭較深。

生態習性：本種喜棲息於大型河川、水庫湖泊之中、上層，尤以綠色之優養水域為最。個性活潑，善跳躍，成長快速，主攝食浮游性植物及藻類，於清澈水域中成長緩慢。

地理分布：全省各大水庫、湖泊、河川，皆有分布，但數量不多。

釣魚方式：此魚種為淡水魚類之表層大型釣遊魚，喜食酸性餌料。釣法：遠投車竿12-18呎配上中、大型捲線器。釣鉤：鰱魚專用之八爪釣鉤組。釣線：6-10號尼龍線。釣餌：市售之鰱魚專用餌，或自行泡製之酸性餌料亦可。

沙鰍
Spined loach

學名：*Cobitis sinensis* Sauvage *et* Dabry de Thiersant　　科名：鰍科 Cobitidae

別名及俗名：沙鰍、土鰍、胡溜、花鰍

特 有 種：非台灣特有種

體　　　長：一般為 5～10公分，亦有超過15公分者。

分類型態：初級淡水魚

鑑別特徵：體延長成棍狀，頭部平扁，全身側扁，吻端尖突，口小，下位。有吻鬚2對，頷鬚一對，頦鬚2對，共5對鬚。眼下有一直立小硬棘，全身具細小鱗片，並分泌黏液，只有頭部無鱗，側線不完全。體為淡黃色，體側有數條黑色之斑塊，斷續連成一直線，各鰭短小，尾鰭截形。

生態習性：屬於底棲性魚種，喜好清澈之河川、湖泊，多分布於低海拔水域，攝食以濾食為主，以砂泥中的動植物碎屑及水生昆蟲為食。

地理分布：全省皆有分布，但以西部較多，低海拔之湖泊、水庫、溪流及渠道，皆有分布。

釣魚方式：此魚種極不易釣獲，一般作為觀賞養殖之用，也出口至國外當水族觀賞魚，皆以細網撈捕為主，極少人能以釣竿釣獲。

淡水魚

泥鰍
Pond loach, weater fish

學名：*Misgurnus anguilicaudatus* (Cantor)　科名：鰍科 Cobitidae

別名及俗名：土鰍、雨溜、胡溜、土鰍

特 有 種：非台灣特有種

體　　長：一般為5～10公分，最大可超過15公分。

分類型態：初級淡水魚

鑑別特徵：體低而延長，前部亞圓形，腹部圓形，後部側扁，背部平直，口小下位，呈弧形，有5對鬚，眼小上位，無眼下棘，側線完整位於體側中央，臀鰭短，尾鰭後緣圓形，體色呈淺灰褐或深灰褐色，有細小斑密佈全身，腹部灰白，尾鰭具一明顯黑斑。

生態習性：喜棲息於平原郊區水田、溝渠、湖沼及河川下游，對環境適應力強，能耐污染，以植物碎屑為主食。雜食性，什麼都吃，能耐缺氧之水域，水中溶氧不足時，可利用腸來呼吸，但近年工業污染嚴重，田間之泥鰍多已滅絕。

地理分布：全省各低海拔、平原水域，皆有分布。

釣魚方式：此魚種因食性特殊，不易釣獲。

大鱗副泥鰍

學名：*Paramisgurnus dabryanus* Guichenot　　科名：鰍科 Cobitidae

別名及俗名：胡溜、山泥鰍，粗鱗土鰍、雨溜、紅泥鰍、魚溜

特 有 種：非台灣特有種

體　　　長：一般為10～15公分，最大可超過20公分。

分類型態：初級淡水魚

鑑別特徵：體低而延長，前部亞圓形，幾成圓筒狀，後部側扁頭小，呈圓椎形，口小，下位，弧形，有5對鬚，口鬚較泥鰍長，眼小，上側位，無眼下棘，體被細小圓鱗，側線不發達，腹鰭短小，尾鰭圓形。體呈淺褐色或黃棕色、淡橘色，個體間變異大，背鰭、尾鰭具暗色斑點。

生態習性：棲息於富植物及有機碎屑之水田、溝渠、水塘、湖泊及河川下游。雜食性，底棲性魚種，耐污染，能以腸壁呼吸空氣。

地理分布：全省低海拔平原水域皆有分布，以南部數量較多。

釣魚方式：此魚種因食性特殊，不易釣獲。

淡水魚

台灣纓口鰍
Hillstream fish

學名：*Crossostoma lacustre* Steindachner　　科名：爬鰍科 Balitoridae

別名及俗名：台灣平鰭鰍、石貼仔、鹿仔魚、肉貼仔、花貼仔、鰍鯕蚋

特　有　種：台灣特有種

體　　　長：一般為5～10公分，最大可超過15公分。

分類型態：初級淡水魚

鑑別特徵：體延長呈圓筒狀，吻鈍且圓，口具吻溝，唇褶特化為吻鬚，鰓裂寬，橫裂為弧形，體被細小圓鱗，頭胸內側裸出，無鱗，尾柄部側扁，胸鰭寬大平覆，腹鰭腹位，尾鰭呈淺凹形，體色差異大，魚體大致呈深黑及褐色，體背花紋變異大，頭前溪流域的有豹斑，其它地區斑紋較淺且小，各鰭淡黃，鰭條色深。

生態習性：喜棲息於溪流中、上游河水湍急之河段，平時棲身於石堆中，夜間覓食，以刮除石塊上的藻類為主，攻擊性弱，偶爾被蝦鯱科魚種驅趕。

地理分布：宜蘭、蘭陽溪至濁水溪之間的中、上游河段。

釣魚方式：因食性特殊，此魚種不易釣獲。一般觀賞養殖均以撈捕為主。

台灣間爬岩鰍

學名：*Hemimyzon formosanum* (Boulenger)　　科名：爬鰍科 Balitoridae

別名及俗名：石貼仔、石爬子、台灣爬岩鰍、棕簑貼

特　有　種：台灣特有種

體　　　長：一般為3～5公分，最大可超過10公分。

分類型態：初級淡水魚

鑑別特徵：體延長而扁平，頭中大，尾部側扁，吻部呈弧狀，口下位，上頜有2～3對鬚，頭到腹鰭間呈長圓形，腹面平坦，扁平，胸鰭由兩側平伸，腹鰭於兩側平展，體被細小圓鱗，腹部無鱗。體色呈墨綠色或橄欖綠，體色差異頗大，體背有不規則之大小型斑塊。

生態習性：喜棲息於河川之中、上游及湍急之水域，喜好高含氧量，但低含氧亦可存活，白天躲於石塊間，夜間出來覓食。雜食性偏草食，吸附於石塊上啃食矽藻、水苔、有機碎屑及無脊椎動物。

地理分布：台灣中央山脈以西的水系中、上游，皆有分布。

釣魚方式：因食性特殊，此魚種不易釣獲。一般觀賞養殖均以撈捕為主。

淡水魚

台東間爬岩鰍

學名：*Hemimyzon taitungensis* Tzeng *et* Shen   科名：爬鰍科 Balitoridae

別名及俗名：石貼仔

特　有　種：台灣特有種

體　　　長：最大可超過10公分。

分類型態：次級淡水魚

鑑別特徵：體延長，前段扁平，胸鰭寬大向兩側平伸，後部漸側扁，腹部平坦，背緣平直，口下位，吻寬呈弧形，鼻孔大，吻長大於吻後長，眼中等，上位，體被細小圓鱗，頭背部及胸腹鰭皆裸露無鱗，側線完全。體背側呈灰黑至橄欖綠，腹部灰白，雄魚於頭部及體背側有不規則之蟲狀波浪紋。

生態習性：喜棲息於河川之中、上游及水流湍急的河段、高溶氧的水域淺灘，具有強大的吸盤構造，可牢牢吸住岩石表面，多於夜間覓食，以啃食石塊上之藻類為主。雜食性，亦捕食無脊椎動物。

地理分布：台灣中央山脈以東的河川中、上游，如花蓮溪、秀姑巒溪、卑南溪。

釣魚方式：此為珍貴稀有保育類野生動物，請勿違法捕捉。

埔里中華爬岩鰍

學名：*Sinogastromyzon puliensis* Liang　　科名：爬鰍科 Balitoridae

別名及俗名：棕簑貼、木箕貼仔、石貼仔、簸箕魚、埔里華吸鰍

特 有 種：台灣特有種

體　　　長：一般為5～7公分，最大可達10公分。

分類型態：初級淡水魚

鑑別特徵：體扁平，腹鰭以後側扁，頭部扁平，吻短，寬而平直，口下位，有四對鬚，鼻孔大，腹部平坦，眼中大，上側位，體被細小圓鱗，頭部、胸鰭基部背面和腹鰭基部之腹面光滑無鱗，側線完全，自體側中延伸至尾鰭基部，體色呈淺黃及墨綠色，腹部灰白或淺黃色。

生態習性：喜棲息於低海拔溪流較湍急之河段，底棲性，如急瀨、灘頭等石塊中。雜食性，主要以啃食石塊上之藻類、水生昆蟲為主食，亦攝食有機碎屑，偏好高含氧之水域河段。

地理分布：分布於大甲溪以南至高屏溪以北各水系。

釣魚方式：此為珍貴稀有保育類野生動物，請勿違法捕捉。

淡水魚

脂鮠

學名：*Pseudobagrus adiposalis* (Oshima)　科名：鮠科 Bagridae

別名及俗名：三角鉤、淡水河鮠、三角姑

特　有　種：非台灣特有種

體　　　長：一般為5～10公分，最大可超過25公分。

分類型態：初級淡水魚

鑑別特徵：體長形，光滑無鱗，前部圓筒狀，後部側扁，頭小橢圓形，平扁，眼小，上側位，口大，下位，且有4對鬚，背鰭和胸鰭第一根為硬棘，胸鰭之硬棘有倒鉤，側線平直，尾鰭後緣為淺分叉，常破損，成魚背部黃綠色，捕捉後易變深色，幼魚全身黑色，腹部灰白。

生態習性：性兇猛，夜行性，白天棲息於瀨區石縫，夜晚獵食其它小魚蝦及水生昆蟲。主棲息於河川中、上游含氧量較高之水域。底棲性，不耐污染。

地理分布：分布於本省西部、北部之河川下游及平原。

釣魚方式：此魚種與鯰魚之習性相近，但因魚體較小，因此釣線組可用較小之號數。釣法：沉底直感釣為主。釣竿：8-10呎車竿。釣鉤：基奴1-2號鉤或類似者。釣線：2-3號尼龍線。釣餌：蚯蚓、小蝦、市售之魚蟲皆可。

短臀鮠

學名：*Pseudobagrus brevianalis brevianalis* Regan　科名：鮠科 Bagridae

別名及俗名：三角鉤、三角姑

特　有　種：台灣特有種

體　　　長：一般為5～10公分，最大可達20公分。

分類型態：初級淡水魚

鑑別特徵：身體延長，柱形，後部側扁，尾柄高，頭中大，頭部以前略平扁，呈三角形，吻平圓鈍，眼小，體表光滑無鱗，多黏液，背鰭和胸鰭第一根為硬棘，胸鰭硬棘之後緣有倒鉤。幼魚顏色較淡，成魚體背黃褐色至棕綠色，腹部略灰白。

生態習性：主棲息於流速較緩的水域底層，性情兇猛，肉食性，夜間活動，捕食小魚、蝦及其它水生昆蟲，白天棲息於瀨區石縫，會驅趕靠近之其他魚種。

地理分布：分布於台中縣至南投縣附近的中游河川。

釣魚方式：此魚種與鯰魚之習性相近，但因魚體較小，因此釣線組可用較小之號數。釣法：沉底直感釣為主。釣竿：8-10呎車竿。釣鉤：基奴1-2號鉤或類似者。釣線：2-3號尼龍線。釣餌：蚯蚓、小蝦、市售之魚蟲皆可。

台灣鮠

學名：*Pseudobagrus brevianalis taiwanensis* Oshima　　科名：鮠科 Bagridae

別名及俗名：三角姑、三角鉤

特 有 種：台灣特有種

體　　　長：一般為5～10公分，最大可超過15公分。

分類型態：初級淡水魚

鑑別特徵：體細長，呈柱形，尾部側扁，尾柄略低，頭中大，略呈方形，平扁，眼小上側位，口大，下位，背鰭及胸鰭之第一根為鰭棘硬棘，胸鰭後方的硬棘有倒鉤，尾鰭呈淺叉狀，成魚體背灰褐色，腹部略白，幼魚體色較淡。

生態習性：白天棲息於底質為石塊的水域之石縫及洞穴中，夜晚出來覓食。肉食性，性情兇猛，以小魚、蝦及水生昆蟲為食。

地理分布：分布於淡水河至苗栗間之河川中、上游。

釣魚方式：此魚種與鯰魚習性相近，但因魚體較小，因此釣線組可用較小之號數。釣法：沉底直感釣為主。釣竿：8-10呎車竿。釣鉤：基奴1-2號鉤或類似者。釣線：2-3號尼龍線。釣餌：蚯蚓、小蝦、市售之魚蟲皆可。

淡水魚

鯰魚
Chinese catfish, Mudfish, Far eastern catfish

學名：*Silurus asotus* Linnaeus　　科名：鯰科 Siluridae

別名及俗名：鱧仔、念仔魚、鯤魚、鮎魚、怪頭魚、黃骨魚

特 有 種：非台灣特有種

體　　　長：以10～15公分最爲常見，最大可超過30公分。

分類型態：初級淡水魚

鑑別特徵：體延長，前段略呈圓筒形，頭部巨大，呈圓錐狀，平扁，有2對鬚，上
　　　　　頜鬚比較長，眼小，有兩對鼻孔，前鼻孔有根短管，體無被鱗，皮膚富
　　　　　黏液，背鰭小，無脂鰭，臀鰭相當長，與尾鰭相連，側線平直，沿身體
　　　　　中央可見側線管開口，體背側近灰黑色，腹部白色，有不規則花紋，亦
　　　　　有呈暗灰色及灰黃色的體色，身體花紋會隨環境水濁之程度而改變。

生態習性：夜行性，白天棲息於底層，夜晚外出覓食。肉食性，以魚蝦爲食，大
　　　　　型成魚亦偏好蛙類。喜棲息於水生植物較多之水域，水流平緩不能太
　　　　　急，亦無法生存於低溶氧量及受污染之水域。雌魚產卵於水草及石頭
　　　　　上，具黏性。幼魚似蝌蚪，只是多了鬍鬚。

地理分布：原本只分布於本省西部，但有多事者養放於東部。低海拔河川及湖泊
　　　　　可見，但野生族群不多。

釣魚方式：此魚種晝伏夜出，水濁時更易釣獲，宜用沉底直感釣法。釣鉤以基奴
　　　　　3-5號或類似之魚鉤，釣線宜用3號以上的尼龍線，釣餌以葷餌爲主，
　　　　　如：蚯蚓、溪蝦等。

台灣鮰
Formosan bullhead

學名：*Liobagrus formosanus* Regan　　科名：鮰科 Amblycipitidae

別名及俗名：	黃蜂、紅噹仔
特 有 種：	台灣特有種
體　　　長：	以5公分左右最為常見，最大可超過10公分。
分類型態：	初級淡水魚
鑑別特徵：	體延長，自頭部後略側扁，頭部扁平，吻短而寬鈍，口開於吻端，有鬚4對，眼小，隱於皮下，上位，背鰭短小，脂鰭低長且全部和背接合，背鰭胸鰭上具硬棘，硬棘基部有細管連接毒腺，無鱗，富黏液，尾鰭後緣近於截平，身體略呈黃棕色，腹部淺黃色，各鰭呈暗黃色。
生態習性：	棲息於河川中游、水質較清澈的水域，底棲性，大多於夜間活動，白天則於暴雨過後、水流湍急時獵食，由於體形小，只能以小型魚蝦及水生昆蟲為食。
地理分布：	僅分布於中部大甲溪、烏溪及濁水溪一帶，數量稀少。
釣魚方式：	此為瀕臨滅絕之魚種，若釣獲，請放生。

塘虱魚
Walking catfish

學名：*Clarias fuscus* (Lacepede)　科名：塘虱魚科 Clariidae

別名及俗名：鬍子鯰、土虱、土殺

特 有 種：非台灣特種

體　　　長：一般為20～30公分，最大可超過40公分。

分類型態：初級淡水魚

鑑別特徵：體延長，頭部平扁呈楔狀，後部側扁，頭背及兩側具骨板，吻寬圓而短，有鬚4對，口大，亞前位，眼小，上側位，身體光滑無鱗，多黏液，側線孔沿體側直走，背鰭基部長，胸鰭小，尾鰭圓形，身體灰暗色或棕黃色，腹部略灰白，尾鰭有不明顯之橫紋三條，各鰭呈灰黑色。

生態習性：喜棲息於河川、湖泊、池沼、水草茂盛的溝渠。常群聚，屬夜行性，鰓腔內具輔呼吸器，可直接呼吸空氣，生命力強。肉食性，以小魚蝦、兩爬類及昆蟲為食。

地理分布：全省各低海拔河川及平原水域，花、東兩地原本不產，後因人為移入，亦有分布。

釣魚方式：此魚種晝伏夜出，水濁時更易釣獲，宜用沉底直感釣法。釣鉤以基奴3-5號或類似之魚鉤，釣線宜用3號以上的尼龍線，釣餌以葷餌為主，如：蚯蚓、溪蝦等。

斑海鯰
Sea catfish

學名：*Arius maculatus* (Thunberg)　科名：海鯰科 Ariidae

別名及俗名：鯹仔魚、成仔、海鯰

特 有 種：非台灣特有種

體　　長：一般爲10公分左右，最大可超過70公分。

分類型態：周緣性淡水魚

鑑別特徵：身體長，頭略扁平，上覆骨板，頭中大，吻部略尖，口邊有鬚3對，口開於吻端略下方，上頷較下頷爲長，腹部圓、後半部側扁，胸鰭有一硬棘，尾鰭大，深分叉，體表光滑無鱗，黏液膜易落。體背部呈暗灰色，側面灰色，腹部白色，各鰭淡黃褐色。

生態習性：夜行性，底棲，若遇大雨水濁時亦出現覓食，本種嗅覺敏銳，常出現於河口、污染嚴重的河口區，肉食性，腐肉及垃圾皆不放過。

地理分布：台灣西部的河口區水域。

釣魚方式：此魚種常棲息於各河流之出海口或近海處，遇大雨水濁時，極易釣獲，其身上有三支硬棘，具有劇毒，因此釣取時需小心處理。釣法：車竿9-15呎即可。釣鉤：基奴0.8-3號或類似者。釣線：2-4號尼龍線或市售之串連鉤亦可。釣餌：海蟲、蝦肉、魚肉片均可。

香魚
Sweet-fish, Ayu-fish

學名：*Plecoglossus altivelis altivelis* (Temminck *et* Schlegel)　　科名：胡瓜魚科 Osmeridae

別名及俗名：國姓魚、鰶魚

特 有 種：非台灣特有種

體　　　長：一般為15～30公分。

分類型態：初級淡水魚

鑑別特徵：體形中等延長，呈紡錘形，口裂廣而深，上頜有小型圓錐狀齒，上下
　　　　　頜齒形狀特殊，前緣截平，邊有鋸齒，狀似鏟，被細齒，腭骨有齒，
　　　　　可刮食石頭上的藻類。體被細小之圓形鱗，側線平直，恰好位於體側
　　　　　中央，成體呈金黃色金屬光澤，體背淡青色，腹部銀白色。

生態習性：洄游性魚種，秋冬時於下游產卵，小魚苗至河口成長，再慢慢上溯，
　　　　　鹽度由2.5％移至1.5％，主要攝食藻類，如矽藻、藍綠藻等。由於台灣
　　　　　下游多是污染嚴重之處，再加上水壩與攔沙壩的建立，使得本種滅
　　　　　絕，目前存在的種類為日本引進之近似種。

地理分布：香魚原先分布於濁水溪及花蓮三淺溪以北的溪流，但皆已滅絕，目前
　　　　　北部各水庫均有天然繁殖的種類。

釣魚方式：大型成魚之地域性極強，一般皆以友釣法釣取，但不易釣獲。小型魚可
　　　　　於水庫區以串鉤手竿釣法釣取。釣竿：15-18呎溪流竿。釣鉤：金色袖
　　　　　型2-4號之串鉤。釣餌：市售之誘魚用香料餌。

銳頭銀魚

學名：*Salanx acuticeps* Regan　科名：銀魚科 Salangidae

別名及俗名：尖頭銀魚

特　有　種：台灣特有種

體　　　長：一般為13～15公分。

分類型態：周緣性淡水魚

鑑別特徵：身體細長，前部低狹，略呈圓柱狀，後部側扁，頭平扁而吻部尖長，
　　　　　口裂寬大，眼小側位，背鰭遠在腹鰭後，體光滑無鱗，偶有局部不規
　　　　　則之圓鱗，無側線，尾鰭分叉狀。體呈灰白色至半透明，各鰭顏色較
　　　　　深。

生態習性：主棲息於河口半鹹水區、沿海之上層。肉食性，以小魚、蝦或其它浮
　　　　　游生物為食，但本種之標本記錄於南投日月潭，生活習性仍有待後續
　　　　　之研究證實。

地理分布：可能分布於西部河口區之水域。

釣魚方式：此為可能已滅絕魚種，若誤釣，請放生。

麥奇鉤吻鮭
Rainbow trout

學名：*Oncorhynchus mykiss* (Walbaum)　科名：鮭科 Salmonidae

別名及俗名：鱒魚、虹鱒

特 有 種：非台灣特有種

體　　　長：陸封型可達90公分，降海型則可達120公分。

分類型態：周緣性淡水魚

鑑別特徵：體呈紡錘狀而側扁，口端位，吻部鈍，頭部裸出無鱗，下頷達眼後緣，背鰭後端近尾柄有一脂鰭，幼魚體側有8～10個圓形斑塊，成魚則消失，但有時會出現紫紅色金屬光澤，繁殖期間，雄魚尤其明顯。

生態習性：本省引進的為陸封性鱒魚，喜好低溫、水流量大的溪流，一般以18℃以下最適宜。雜食性，多以肉食性為主，如水生昆蟲及甲殼類等，在台灣多以人工繁殖為主。

地理分布：大多以人工養殖為主，亦有些放流至高山溪流及水庫，以北部、西北部、中部、東部及三條橫貫公路為多。

釣魚方式：此魚種為人工養殖食用魚。偶有放流或因洪水而沖入溪流者。因量少，不易釣獲。釣法：路亞或飛蠅釣或手竿釣法皆可。路亞釣法與何氏棘魞類似。手竿釣法：15-21呎溪流竿。釣鉤：改良半倒鉤4-7號或類似之魚鉤。浮標：5-10溪流標。釣線：1-3號尼龍線。釣餌：蚯蚓、小蝦、溪蟲或市售之魚蟲皆可。

台灣櫻花鉤吻鮭

Formosan Landlocked salmon, Taiwan Trout, Taiwanese masu salmon

學名：*Oncorhynchus masou formosanum* (Jordan *et* Oshima)　　科名：鮭科 Salmonidae

別名及俗名：台灣鱒、梨山鱒、高山鱒、大甲鱒、台灣鉤吻鮭、台灣馬蘇麻哈魚

特 有 種：台灣特有種

體　　長：一般為10～30公分，最大可達40公分。

分類型態：初級淡水魚

鑑別特徵：身體側扁呈紡錘形，口端位，口裂大吻較尖，細長，雄下頜明顯彎曲成鉤狀，體被細小圓鱗，腹鰭有腋突，背鰭稍後方有一小脂鰭，雄魚背部青綠色，腹部銀白，側線上具有8～12個黑色橢圓形橫斑，側線上方有11～31個小黑點，體側中央有9個橢圓形之紋斑點，終生不褪。

生態習性：陸封型魚種，活躍於清澈、冰冷的高山森林溪流及深潭中，是冰河時期遺留在高山的特殊魚種。性兇猛，肉食性，主要以水生昆蟲及落水的昆蟲為食，10月上旬至11月下旬為繁殖季節，只適合18℃以下的水溫，往昔曾活躍於大甲溪上游1500公尺以上海拔的水域。

地理分布：大甲溪上游、七家灣溪。

釣魚方式：此為瀕臨絕種之保育類野生動物，請勿違法捕捉。

當氏異鰭鱵

學名：*Zenarchopterus buffonis* (Valenciennes)　　科名：鱵科 Hemiramphidae

別名及俗名：異鱗鱵、異鰭鱵

特　有　種：非台灣特有種

體　　　長：一般為10公分左右，最大可超過15公分。

分類型態：周緣性淡水魚

鑑別特徵：體延長，略側扁，下顎突出呈扁針狀，口上位，上頜短小，呈三角形，頭中大，眼大，前側位，鼻孔突長而尖，體被大鱗，胸鰭短，腹鰭後位，尾鰭圓形，體呈淡褐色，背灰黑，各鰭顏色較深，腹面白色。

生態習性：喜棲息於河口半鹹水水域，屬表層活動之魚類。雜食性，以小魚及甲殼類為主食，喜好成群活動。

地理分布：分布於南部沿海水域。

釣魚方式：此魚種因食性特殊，不易釣獲。

青鱂魚
Medaka

學名：*Oryzias latipes* (Temminck *et* Schlegel)　　科名：青鱂科 Adrianichthyidae

別名及俗名：稻田魚、魚目娘、彈魚、未鱂

特 有 種：非台灣特有種

體　　長：最大可達4公分。

分類型態：初級淡水魚

鑑別特徵：體延長，稍側扁，頭部背面平扁，腹部圓，口上位，下頜突出，吻寬短，眼較大，側位，眼間距寬平，喉頰部和胸腹緣狹窄，無側線，體被較大型圓鱗，腹鰭腹位末端伸達肛門，尾鰭截形，體背側淡灰色，頭背部斑紋稍大，體側及腹面銀白色，頭體多小黑點，體背中線具一暗褐色縱帶，各鰭淺灰透明。

生態習性：喜棲息於靜水域之表層魚類，以往曾廣布於池塘、稻田及溝渠表層。雜食性，攝食小型無脊椎動物。

地理分布：往昔遍佈全省，由於棲息地被破壞，幾乎滅絕，現僅剩台北縣及宜蘭縣少數湖沼有少數族群。

釣魚方式：此為瀕臨滅絕之魚種，若捕獲，請放生。

食蚊魚
Mosquito fish

學名：*Gambusia affinis* (Baird *et* Girard)　　科名：胎鱂魚科 Poeciliidae

別名及俗名：大肚魚、胎鱂魚、大肚仔

特 有 種：非台灣特有種

體　　　長：約2～5公分。

分類型態：周緣性淡水魚

鑑別特徵：身體前半部略呈楔狀，後部側扁，吻部短小，位於吻端，眼大，側位，頭中等大，體被大型圓鱗，各鰭無棘，臀鰭基底短，腹鰭腹位、尾呈圓形。體呈淡黃或淺灰，略透明，體背暗褐色，腹部白色，各鰭淡黃色。

生態習性：喜棲息於流速緩慢之靜水水域，如：水田、溝渠、沼澤、池塘。喜好暖水域，成群於水域上層活動，適應環境能力強，耐污染，淡、鹹水皆可存活。雜食性，以水生昆蟲為主食，喜食孑孓，對防蚊有極大用處，但也可能因習性相同，而導致青鱂魚滅絕。

地理分布：全省河川下游平原水域。

釣魚方式：此魚種因嘴巴極小，不易釣獲，但仍可以極小的魚鉤釣得。釣法：手竿6-12呎溪流竿。釣鉤：袖型1-2號或秋田1-2號鉤即可。釣線：0.2-0.4尼龍線。浮標：長型止水型1-2號浮標。釣餌：市售之香料釣餌，餌團越小，越容易釣獲。

帆鰭胎鱂魚
Mosquito fish, Top-minnow

學名：*Poecilia velifera* (Regan)　　科名：胎鱂魚科 Poeciliidae

別名及俗名：花鱂魚、帆鰭摩利、立帆摩利

特 有 種：非台灣特有種

體　　　長：一般為5公分，最大可達10公分。

分類型態：周緣性淡水魚

鑑別特徵：身體略延長，側扁，前部略呈楔狀，頭中大，吻短，口小橫裂，略向上翹，眼大，側位，體被中大型圓鱗，背鰭基部長，雄魚背鰭寬大且高，約為雄魚的兩倍。尾鰭呈圓截形，體色呈淺黃及淡灰色，各鱗後端有一黑色小斑點，各鰭淺灰略透明。

生態習性：本種喜棲息於河口半淡、鹹水域，耐污染，可於含氧量極低之水域存活。雜食性，性貪食，各種小型水生昆蟲及植物碎屑、藻類等皆取食。

地理分布：台南至屏東縣沿海河口皆有分布。

釣魚方式：此魚種因嘴巴極小，不易釣獲，但仍可以極小的魚鉤釣得。釣法：手竿6-12呎溪流竿。釣鉤：袖型1-2號或秋田1-2號鉤即可。釣線：0.2-0.4尼龍線。浮標：長型止水型1-2號浮標。釣餌：市售之香料釣餌，餌團越小，越容易釣獲。

孔雀魚
Belly fish, Guppy, Millions

學名：*Poecilia reticulata* (Peters)　科名：胎鱂魚科 Poeciliidae

別名及俗名：孔雀

特 有 種：非台灣特有種

體　　長：5公分左右。

分類型態：周緣性淡水魚

鑑別特徵：身體前半部略呈楔形，後部側扁，頭中等大，吻短口小，位於吻端，略上翹，眼大，側位，雌魚腹部特別膨脹，臀鰭以後身體側扁。體被中大型圓鱗，雄魚尾部呈扇形或大三角形，變異大，雌魚則呈圓形。體色基本上呈淺黃色，有各色光澤顏色，個體間差異大，相當美麗。

生態習性：喜棲息於溪流下游及都市溝渠、水田、池塘，亦出現於河口半鹹水域。耐污染，大多成群在水體表層活動。雜食性，以水中浮游生物、水生昆蟲、有機碎屑等為食。

地理分布：全省各河川下游、溝渠、池塘。

釣魚方式：此魚種因嘴巴極小，不易釣獲，但仍可以極小的魚鉤釣得。釣法：手竿6-12呎溪流竿。釣鉤：袖型1-2號或秋田1-2號鉤即可。釣線：0.2-0.4尼龍線。浮標：長型止水型1-2號浮標。釣餌：市售之香料釣餌，餌團越小，越容易釣獲。

凡氏下銀漢魚

學名：*Hypoatherina valencienei* (Bleeker)　　科名：銀漢魚科 Atherinidae

淡水魚

別名及俗名：銀漢魚

特 有 種：非台灣特有種

體　　　長：一般為5～10公分。

分類型態：周緣性淡水魚

鑑別特徵：體延長，略側扁，口小斜裂，前位，可伸出，眼大，上側位，鰓孔大，背側寬厚，體被圓鱗，無側線，無脂鰭，尾鰭分叉，呈深叉狀。體色淺灰略透明，全身金屬光澤，頭部銀色，體側中央有一條黑綠色的縱紋，各鰭皆透明。

生態習性：棲息於沿海及河口區，於上層活動，具群聚性。雜食性，以小型生物為主食，具趨光性。紅樹林亦有分布。

地理分布：本省西部沿海。

釣魚方式：此魚種常成群出現於沿海及河口，具搶食及掠食之食性，可用魚皮假餌釣獲。釣法：9-12呎車竿。釣線組：袖型鉤3-5號之魚皮假餌。浮標：2-5錢之海釣用短浮標。釣餌：粉狀之腥味誘餌。將誘餌調妥後投入釣點，再以魚皮假餌投入釣點，即可釣獲。

黃鱔
Rice-field eel

學名：*Monopterus albus* (Zuiew)　科名：合鰓科 Synbranchidae

別名及俗名：鱔魚

特　有　種：非台灣特有種

體　　　長：一般為30公分左右，最大可超過60公分。

分類型態：初級淡水魚

鑑別特徵：身體細長，呈圓柱狀，頭部膨大，頰部隆起，前端略呈圓錐形，吻鈍尖，口大，前位，眼小，上側位，隱於皮下。鰓裂在腹側，左右鰓膜相癒合，側線完全，體光滑無鱗，富黏液，背鰭和臀鰭均退化成皮褶，無鰭條，與尾鰭相連。體背為黃褐色，全身散布許多不規則的黑褐色小點，腹部顏色較淡。

生態習性：喜棲息於湖泊、稻田與溝渠等泥質地。屬底棲性魚類，性喜鑽洞，行穴居生活。夜行性，以水生昆蟲、小魚為食。體表可分泌大量黏液，口腔皮褶可行呼吸作用，能直接呼吸空氣。

地理分布：全省各地平原西部較多。

釣魚方式：此魚種極少人釣獲，但有職業釣者以釣此魚為生。釣法：取香煙大小之竹枝（約2呎長）作為釣竿。釣線：約1呎長之5號尼龍線。釣鉤：基奴3-5號或類似者。釣餌：土蚯蚓、小蝦或小肉片均可。釣法：將2呎釣竿綁上1呎之釣線及鉤，於黃昏時將釣竿插於魚出沒之爛泥巴區，釣鉤需入水但不可太深，待隔日再去收取，即可釣獲。

淡水魚

252

印度牛尾魚
Indian flathead, Bar-tailed flathead

學名：*Platycephalus indicus* (Linnaeus)　　科名：牛尾魚科 Platycephalidae

別名及俗名：竹甲、牛尾、紅牛尾、蛹、鯒

特 有 種：非台灣特有種

體　　長：一般爲30公分左右，最大可超過100公分。

分類型態：周緣性淡水魚

鑑別特徵：體延長，而平扁，頭大扁平，口大，下頜突出，前位，眼中大，上側位，鰓蓋邊緣有皮質瓣狀物，前鰓蓋棘2枚，頭上之骨棘通常有刺或呈鋸齒狀。側線完全，側線之鱗片均無棘，體被細小櫛鱗，臀鰭無棘，尾鰭略呈截形。體褐色，腹面淺黃，有8～9個不規則雲狀斑橫過背面，尾鰭中部有一黑色縱帶。

生態習性：喜棲息於河、海交會口，底棲性，喜好砂泥環境。棲息深度爲50公尺以內，潛伏於泥沙中，伺機捕食小魚及甲殼類。

地理分布：本省各河口沙泥底質地。

釣魚方式：此魚種常棲息於各河流之出海口或近海處，遇大雨水濁時，極易釣獲，其身上有三支硬棘，具有劇毒，因此釣取時需小心處理。釣法：車竿9-15呎即可。釣鉤：基奴0.8-3號或類似者。釣線：2-4號尼龍線或市售之串連鉤亦可。釣餌：海蟲、蝦肉、魚肉片均可。

康氏雙邊魚
Banded glassy

學名：*Ambassis commersoni* (Cuvier)　　科名：玻璃魚科 Ambassidae

別名及俗名：玻璃魚、大目側仔

特 有 種：非台灣特有種

體　　　長：約2～10公分。

分類型態：周緣性淡水魚

鑑別特徵：體側扁，長橢圓形，體較高，口中等大，稍微傾斜，眼大，上側位，眼間隔窄小。側線完全，體被中大型圓鱗，胸鰭寬大，尾鰭呈深凹狀，體小近半透明。腹部銀白，體側具銀白縱帶，各鰭顏色較深，尾鰭上下葉顏色較深。

生態習性：主棲息於河川下游、出海口附近，亦有至中游者，爲暖水性小型魚種。適應力強，具群游性。雜食性，偏好肉食，以魚苗、甲殼類幼蟲及無脊椎動物爲食。

地理分布：全省各河口區及河川下游水域。

釣魚方式：此魚種因嘴巴極小，不易釣獲，但仍可以極小的魚鉤釣得。釣法：手竿6-12呎溪流竿。釣鉤：袖型1-2號或秋田1-2號鉤即可。釣線：0.2-0.4尼龍線。浮標：長型止水型1-2號浮標。釣餌：市售之香料釣餌，餌團越小，越容易釣獲。

淡水魚

眶棘雙邊魚

學名：*Ambassis gymnocephalus* (Lacepede)　　**科名：玻璃魚科 Ambassidae**

別名及俗名：大目側仔、玻璃魚、裸頭雙邊魚

特　有　種：非台灣特有種

體　　　長：不超過10公分。

分類型態：周緣性淡水魚

鑑別特徵：體延長，呈橢圓形，極側扁，口中等大，端位，吻短，斜裂，兩頜具絨毛狀齒帶，前鼻孔下方之眶前骨有一後向之吻棘，舌上平滑無齒。側線中斷成上下二條，體被中大型圓鱗，胸鰭中大，尾鰭呈深凹型，身體略透明。體側具銀白縱帶，各鰭淺灰色，尾鰭淺黃。

生態習性：主棲息於河川下游、出海口附近，亦有至中游者，爲暖水性小型魚種。適應力強，具群游性。雜食性，偏愛肉食，以魚苗、甲殼類幼蟲及無脊椎動物爲食。

地理分布：全省各河口區及河川下游水域。

釣魚方式：此魚種因嘴巴極小，不易釣獲，但仍可以極小的魚鉤釣得。釣法：手竿6-12呎溪流竿。釣鉤：袖型1-2號或秋田1-2號鉤即可。釣線：0.2-0.4尼龍線。浮標：長型止水型1-2號浮標。釣餌：市售之香料釣餌，餌團越小，越容易釣獲。

少棘雙邊魚
Flag-tailed glass fish

學名：*Ambassis miops* Günther　　科名：玻璃魚科 Ambassidae

別名及俗名：大目側仔、玻璃魚、小雙邊魚

特 有 種：非台灣特有種

體　　　長：一般為4〜7公分，最大可達10公分。

分類型態：周緣性淡水魚

鑑別特徵：體長橢圓形，極側扁，吻短小，稍微傾斜，口端位，眼大，上側位。側線完全，體被中大型圓鱗，頭部僅頰與鰓蓋被鱗，胸鰭鈍尖，腹鰭胸位，尾呈深叉狀，身體略透明。體側具銀白縱帶，各鰭淺灰色，腹鰭尾鰭淺黃，尾鰭外緣顏色較深。

生態習性：主棲息於河川下游、出海口附近，亦有至中游者，為暖水性小型魚種。適應力強，具群游性。雜食性，偏肉食，以魚苗、甲殼類幼蟲及無脊椎動物為食。

地理分布：全省各河口區及河川下游水域。

釣魚方式：此魚種因嘴巴極小，不易釣獲，但仍可以極小的魚鉤釣得。釣法：手竿6-12呎溪流竿。釣鉤：袖型1-2號或秋田1-2號鉤即可。釣線：0.2-0.4尼龍線。浮標：長型止水型1-2號浮標。釣餌：市售之香料釣餌，餌團越小，越容易釣獲。

日本眞鱸
Large-mouthed Bass

學名：*Lateolabrax japonicus* (Cuvier)　　科名：真鱸科 Percichthyidae

別名及俗名：鱸魚、七星鱸、青鱸、花鱸

特 有 種：非台灣特有種

體　　長：一般為30公分，最大可達1公尺。

分類型態：周緣性淡水魚

鑑別特徵：體延長而側扁，前段略為圓形，吻端尖，口裂大，斜略眼小，上側位，鰓裂大。側線完全而連續，體被細小鱗片。體銀灰色，側線上方之體背有黑點散布，腹側灰白，尾鰭顏色較深。

生態習性：本種多棲息於沿海，亦有幼魚溯河至河川下游。肉食性，性兇猛，以魚蝦為主食。

地理分布：本省北部、西部沿海及河口，數量不多。

釣魚方式：此魚種於沿海及河口均可釣獲。釣法：2-4號磯釣竿或遠投竿。釣鉤：基奴5-10號或類似者。釣線：布線2-5號或碳纖維線3-6號即可。浮標：3-5錢海釣浮標均可。釣餌：小活魚、沙蝦、斑節蝦皆可。

花身雞魚
Cresecnt-banded grunter, Thornfish

學名：*Terapon jarbua* (Forsskal)　科名：鰓科 Teraponidae

別名及俗名：斑梧、雞仔魚、花身仔、鰓、細鱗鰓刺、身魚刺

特 有 種：非台灣特有種

體　　　長：一般以10～20公分較常見，最大可超過30公分。

分類型態：周緣性淡水魚

鑑別特徵：體延長，側扁，稍呈卵圓形，口中大，稍斜裂，吻短鈍，眼中等大，上側位，背鰭硬棘與軟條之間有深刻。側線完全，體被細小櫛鱗，前段略彎曲。體背棕色，腹部銀白色，背鰭棘部有一大型黑斑，體側有3條弓形黑色縱帶，尾鰭上下葉有斜走之黑色條紋。

生態習性：屬沿岸及河口之暖水域底層魚類，棲息水深爲潮池到數公尺深之淺水域。泳力強。肉食性，攝食小魚、小型甲殼類及無脊椎動物。喜群棲於較淺之水域。

地理分布：全省各地沿海及河口皆有分布。

釣魚方式：此魚種於夏、秋兩季各河口均有分布，數量極多，容易釣獲。釣法：沉底直感釣或浮標釣法均可，一般以沉底釣爲主。沉底釣：9-15呎車竿。釣鉤：市售秋田8-12號五連鉤即可。釣餌：海蟲、小蝦肉皆可。

台灣淡水魚地圖

258

湯鯉
Sesele, spoted, flagtail mountain bass

學名：*Kuhlia marginata* (Cuvier)　　科名：湯鯉科 Kuhliidae

別名及俗名：黑邊湯鯉、烏尾冬

特　有　種：非台灣特有種

體　　　長：一般為10公分，最大可超過20公分。

分類型態：周緣性淡水魚

鑑別特徵：身體略延長呈紡錘形，側扁，頭中大，口大，口裂稍小，吻長較眼徑為短，眼中等，側位，眼前骨及前鰓骨之邊緣有鋸齒。側線完全，體被櫛鱗，頰部、鰓蓋及鰓蓋下骨被鱗。體側上部為淺銀褐色，腹部銀白，體側上部及背部散布不規則之暗褐色斑點，尾鰭後緣具寬大的黑色帶。

生態習性：棲息於沿海、紅樹林、河口或河川下游，為熱帶浮游性魚種，喜好於水表層成群活動。雜食性，偏愛肉食，以小魚苗、甲殼類及浮游動物為食，極為貪食。

地理分布：本省各地近海溪流均可發現。

釣魚方式：此魚種產於河口或河川下游，因數量不多，不易釣獲。釣法：沉底直感釣法。釣竿：9-12呎車竿。釣鉤：基奴1-2號或類似者。釣線：2-3號尼龍線。鉛垂：5錢-1兩即可。釣餌：蚯蚓、海蟲、蝦肉皆可。

銀湯鯉
Barred flagtail, Flagfish, Flag tail

學名：*Kuhlia mugil* (Forster)　科名：湯鯉科 Kuhliidae

別名及俗名：烏尾冬、花尾、湯鯉、鯔湯鯉

特 有 種：非台灣特有種

體　　　長：一般為15公分，最大可達30公分。

分類型態：周緣性淡水魚

鑑別特徵：身體略延長，呈紡錘形，頭中大，口大，吻長較眼徑略短或相等。側線完全，體被櫛鱗，鱗片細小。魚體青色，腹部銀白，各鰭淺黃色，背鰭硬棘部顏色較深，尾鰭上下葉各有二黑色帶與鰭條相直交，中間有一縱帶。

生態習性：棲息於沿海、紅樹林、河口或河川下游，為熱帶浮游性魚種，喜好於水表層成群活動。雜食性，偏肉食，以小魚苗、甲殼類及浮游動物為食，極為貪食。

地理分布：本省各地近海溪流均可發現。

釣魚方式：此魚種因數量逐漸減少，已不易釣獲。釣法：沉底直感釣法。釣竿：9-12呎車竿。釣鈎：基奴1-2號或類似者。釣線：2-3號尼龍線。鉛垂：5錢-1兩即可。釣餌：蚯蚓、海蟲、蝦肉皆可。

淡水魚

短棘鰏
Common pony fish

學名：*Leiognathus equulus* (Forsskal)　　科名：鰏科 Leiognathidae

別名及俗名：金錢仔、狗腰鰏、狗坑仔、三角仔

特　有　種：非台灣特有種

體　　　長：一般為5～10公分，最大可超過25公分。

分類型態：周緣性淡水魚

鑑別特徵：體橢圓形，極側扁，口小前位，口裂水平或稍向下，頭小，眼亦小，吻長略等於眼徑，頭部無鱗，頭背之輪廓圓形，吻端截平。側線完全，體被細小圓鱗，腹鰭有腋鱗，腹鰭小，尾鰭深叉。體呈銀白色，腹部銀白，背鰭、臀鰭、尾鰭外緣深灰色。

生態習性：河口水濁之處常可發現，屬沿岸砂泥底。肉食性，底棲魚種，喜棲息於淺水域。攝食底部之小型甲殼類及無脊椎動物，具群游習性。

地理分布：全省沿海及河口區。

釣魚方式：此魚種因嘴巴極小，不易釣獲，但仍可以極小的魚鉤釣得。釣法：手竿6-12呎溪流竿。釣鉤：袖型1-2號或秋田1-2號鉤即可。釣線：0.2-0.4尼龍線。浮標：長型止水型1-2號浮標。釣餌：市售之香料釣餌，餌團越小，越容易釣獲。

灰鰭鯛
Riverbream picnic seabream

學名：*Acanthopagrus berda* (Forsskal)　科名：鯛科 Sparidae

別名及俗名：黃鰭、赤翼仔、烏格、黑結、烏翅、黑格

特 有 種：非台灣特有種

體　　　長：一般為15公分左右，最大可超過30公分。

分類型態：周緣性淡水魚

鑑別特徵：體呈橢圓形，側扁，頭中大，口小，前位，稍微斜裂，眼中大，上側位，背緣彎曲，腹緣較平。背鰭單一，體被中大弱櫛鱗。側線完全，與背緣平行，側線至硬背鰭基底中點間有4鱗列。體呈褐黑色，各鰭灰黑至黑色，側線起點及胸鰭腋部各有一黑點。

生態習性：喜棲息於砂泥底質水域，有時會溯流入河口、內灣及潟湖。警戒性高。雜食性，以小魚、小蝦、蟹及貝類為主食。

地理分布：本省西部河口區。

釣魚方式：此魚種於西海岸各河口及沿海極多，不難釣獲。釣法：沉底或浮標釣法皆可，但以浮標釣法較佳。釣竿：1-3號磯釣竿。釣鉤：1-4號基奴鉤或類似者。釣線：1-3號碳纖維線。浮標：0.5-3錢海釣用浮標即可。釣餌：海蟲、小蝦、肉片、福壽螺，或市售之黑格丸。

銀鱗鯧

別名及俗名：銀鯧、銀大眼鯧

學名：*Monodactylus argenteus* (Linnaeus)　　科名：銀鱗鯧科 Monodactylidae

別名及俗名：銀鯧、銀大眼鯧

特 有 種：非台灣特有種

體　　　長：一般為10公分左右，最大可超過25公分。

分類型態：周緣性淡水魚

鑑別特徵：體高而側扁，近圓形，吻短鈍，口小，斜裂，上顎可伸縮，眼大，位於頭前半部，頭大，背腹緣弧形隆起。背鰭及臀鰭的硬棘退化，體被細小櫛鱗，側線完全。胸鰭圓形，尾鰭略凹，成魚呈銀色，眼上下有條縱線，鰓蓋後亦有條黑色縱線，背鰭和臀鰭的前面末稍顏色較暗，其餘部分呈淺黃色。

生態習性：喜棲息於河口及沿岸。雜食性，以小魚、甲殼類及浮游生物為主。於河川中層活動，有時會溯河而上至河川下游。

地理分布：全省西部河川下游及河口區。

釣魚方式：此魚種因口小，需以較小之魚鉤方可釣取。釣法：手竿或小號磯釣竿均可。釣鉤：伊勢尼1-2號或類似者。釣線：0.8-1.2碳纖維線。浮標：0.5-1錢海釣用浮標。釣餌：海蟲、小蝦肉均可。

金錢魚
Common spodefish

學名：*Scatophagus argus* (Linnaeus)　　科名：金錢魚科 Scatophagidae

別名及俗名：金鼓、黑星銀魚、變身苦

特　有　種：非台灣特有種

體　　　長：一般為10公分左右，最大可超過30公分。

分類型態：周緣性淡水魚

鑑別特徵：體側扁而高，頭背部高斜，體略呈橢圓形，口小，前位，上下頜約等
　　　　　長，吻中長，寬鈍，眼中大，上側位，眶前骨極寬大，頭較小，鼻孔
　　　　　兩個，相距近。體被櫛鱗，鱗片小型，側線完全，呈弧形。體褐色，
　　　　　體側有圓形小黑斑，變化甚多，幼魚體側黑斑明顯且多，背鰭、臀鰭
　　　　　與尾鰭具小斑點。

生態習性：喜棲息於河口及沿岸，礁岩及泥灘地皆會出現，常成群出現在河口鹽
　　　　　分較淡的淺水處。雜食性，成魚攝食底藻、高等藻類或小魚蝦、幼
　　　　　魚，偏肉食性。

地理分布：全省各地河川出海口。

釣魚方式：此魚種於河口或沿海以藻類為食。釣法：手竿或小號磯釣竿皆可。釣
　　　　　鉤：基奴0.5-1號鉤或類似者。釣線：1-2號碳纖維線即可。浮標：0.5-
　　　　　1.5錢海用浮標。釣餌：海髮絲、小蝦肉或市售之黑格丸皆可。

台灣淡水魚地圖

莫三比克口孵魚
Mozambique tilapia, Mozambique mothbreeder

學名：*Oreochromis mossambicus* (Peters)　　科名：慈鯛科 Cichlidae

別名及俗名：非洲仔、南洋鯽仔、吳郭魚、莫三鼻口孵魚

特 有 種：非台灣特有種

體　　　長：一般為10公分左右，最大可超過20公分。

分類型態：周緣性淡水魚

鑑別特徵：身體側扁，略呈卵圓形，頭中大，口中等大，開於吻端後端，不達眼眶前緣，眼中等大。眼下有鱗三列，身體被有櫛鱗，背緣隆起，腹部弧形，尾柄短，側線在臀鰭起點直上方中斷，分為上下兩段。體色略呈暗褐色或灰黑至純黑色，隨環境改變而異，鰓蓋後緣有一深色暗斑，各鰭末端顏色較淺，尾鰭末端有時呈鮮紅色。

生態習性：喜棲息於沿岸河口及河川下游，耐污染。雜食性，能在污水水域中生長，繁殖力強，築巢產卵，受精卵在雌魚口中孵化，且雌魚會護卵。

地理分布：全省各河川下游、池沼、水溝、河口區皆有分布。

釣魚方式：此魚種為早期引進之吳郭魚，魚體較小，遍佈全省各種水域，極易釣獲。釣法：手竿12-15呎中硬調性之釣竿為佳。釣線：0.6-1.5號尼龍線。釣鉤：袖型4-7號釣鉤或類似者。浮標：1-3號止水型浮標。釣餌：水中之青苔或市售之魚蟲、腥味餌料皆可。

尼羅口孵魚
Niloticus mouthbreeder

學名：*Oreochromis niloticus niloticus* (Linnaeus) ｜ 科名：慈鯛科 Cichlidae

別名及俗名：吳郭魚、尼羅魚、南洋鯽仔、福壽魚

特 有 種：非台灣特有種

體　　　長：一般為10～30公分，最大可超過50公分。

分類型態：周緣性淡水魚

鑑別特徵：體延長而側扁，體呈橢圓形，口中大，前位眼中大，上側位，頭中大，上下頜均有梳狀齒。背鰭極為發達，硬棘部起自鰓蓋後緣直上方，一直達到肛門，體被中大型櫛鱗，側線分為上下兩段，尾鰭呈截形。體略呈暗棕色至灰黑色，上半部暗綠色，鰓蓋有一黑色斑，腹側銀白，背鰭及臀鰭之軟條有深暗之條紋。

生態習性：本種對於環境的適應力極強，不論是河川上游、海水或污染嚴重的水溝，皆可生存。抗病力強。雜食性，喜食藻類。繁殖力強，雌魚護卵，每年可產卵4～5次。

地理分布：全省各河川下游及河口區。

釣魚方式：此魚種為改良型之吳郭魚，魚體稍大，釣法與早期吳郭魚類似，但釣線與釣鉤需加大。

淡水魚

吉利慈鯛
Tilapia

學名：*Tilapia zillii* (Gervais)　科名：慈鯛科 Cichlidae

別名及俗名：吳郭魚、外鯽魚、南洋鯽仔

特 有 種：非台灣特有種

體　　長：最大20公分。

分類型態：周緣性淡水魚

鑑別特徵：體延長，側扁，口中大，開於吻端，口裂主眼前緣，眼中大，上側位，上下頜均有梳狀細齒，背鰭發達，硬棘部起自鰓蓋後緣直上方，一直達肛門直上方，體被圓鱗，側線分為上下兩段，尾鰭呈截形。體色暗棕至淺黃，有彩虹狀條紋，體側下腹暗紅色，鰓蓋及背鰭尾端有一黑色圓斑，此為重要特徵，背鰭、臀鰭、尾鰭均有黃斑。

生態習性：本種與其它慈雕科魚種相較，不盡相同，喜好較未受污染之水域。雜食性，以小蟲及水藻為主食。不易與其它慈雕科混雜，野外有許多純種族群。

地理分布：全省各河川、水庫及溝渠。

釣魚方式：此魚種為早期引進之吳郭魚，魚體較小，遍佈全省各水域，極易釣獲。釣法：手竿12-15呎中硬調性之釣竿為佳。釣線：0.6-1.5號尼龍線。釣鉤：袖型4-7號鉤或類似者。浮標：1-3號止水型浮標。釣餌：水中之青苔或市售之魚蟲、腥味餌料皆可。

粗鱗鮻

學名：*Liza dussumieri* (Valenciennes)　科名：鯔科 Mugilidae

別名及俗名：豆仔魚、烏仔魚、粗鱗仔

特 有 種：非台灣特有種

體　　　長：一般為10～20公分，最大可超過30公分。

分類型態：周緣性淡水魚

鑑別特徵：體延長，呈紡錘形，前方圓形而後方側扁，口橫裂，口小眼圓形，中大，頭略平扁，斷面成三角形。體被櫛鱗，背無隆脊，側線10條，頭部被鱗，尾鰭呈凹狀。全身銀白，體背暗綠，頭褐色，腹部白色，背鰭灰色，腹鰭白色，尾鰭為暗藍色鑲黑邊。

生態習性：喜棲息於沿岸、河口及下游水域。雜食性，以濾食泥沙中之有機物為食。常於水面及淺水域中群游，對環境的適應力極強，遭污染之河川下游及港口，皆可生存。

地理分布：本省西部河川下游及河口區。

釣魚方式：此魚種數量極多，全省各西部河口或小漁港內，均可釣獲。釣法：手竿浮標釣，手竿9-15呎溪流竿。釣鉤：伊勢尼2-3號或類似者。釣線：0.8-1.5尼龍線。浮標：1-3號長型止水浮標。釣餌：海蟲、小蝦肉、市售黑格丸或萬能香餌皆可。

別名及俗名：豆仔魚、烏仔魚、大鱗鯔

特　有　種：非台灣特有種

體　　　長：一般為10～20公分，最大可超過30公分。

分類型態：周緣性淡水魚

鑑別特徵：體延長，呈紡錘形，前方圓形後方側扁，頭略平扁，截面近似三角形，口橫裂，口小，亞腹位，眼圓，前側位，背無隆脊，側線10～11條。體被櫛鱗，鱗片具有多列錐型櫛刺。體背青灰色，腹面銀白色，胸鰭基部淺黃色，其餘各鰭略呈透明，有一金色環，繞著眼球、虹膜。

生態習性：喜棲息於沿岸及河口淡、鹹水域中，幼魚常出現於紅樹林、河口感潮帶的泥底海域，成魚也會上溯至河川淡水域中，常於水面或淺水域中群游。雜食性，好吞食底泥，攝食矽藻及有機碎屑。

地理分布：全省河口皆有分布，以西部較多。

釣魚方式：此魚種數量極多，全省各西部河口或小漁港內，均可釣獲。釣法：手竿浮標釣，手竿9-15呎溪流竿。釣鉤：伊勢尼2-3號或類似者。釣線：0.8-1.5尼龍線。浮標：1-3號長型止水浮標。釣餌：海蟲、小蝦肉、市售黑格丸或萬能香餌皆可。

白鮻

學名：*Liza subviridis* (Valenciennes)　　科名：鯔科 Mugilidae

別名及俗名：豆仔魚、烏仔魚

特 有 種：非台灣特有種

體　　　長：一般為10～20公分，最大可超過30公分。

分類型態：周緣性淡水魚

鑑別特徵：體延長呈紡錘形，前方圓形而後方側扁，吻短口小，亞腹位，唇薄，眼圓，前側位，脂眼瞼發達，眶前骨窄小，頭圓錐形。體被暗綠色，側面銀白，腹部白色，各鰭顏色較深，尾鰭邊緣黑色。

生態習性：喜棲息於河口及沿岸之淡、鹹水域，也會上溯至河川下游，成群結隊出現在河口。對環境適應力強。雜食性，吞食底泥，濾取有機質為食。

地理分布：全省河川下游及沿海。

釣魚方式：此魚種數量極多，全省各西部河口或小漁港內，均可釣獲。釣法：手竿浮標釣，手竿9-15呎溪流竿。釣鉤：伊勢尼2-3號或類似者。釣線：0.8-1.5尼龍線。浮標：1-3號長型止水浮標。釣餌：海蟲、小蝦肉、市售黑格丸或萬能香餌皆可。

鯔

Common mullet, Flathead mullet

學名：*Mugil cephalus* Linnaeus　　科名：鯔科 Mugilidae

別名及俗名：烏魚、奇目仔（成魚）、青頭仔（幼魚）、信魚

特 有 種：非台灣特有種

體　　　長：最大可超過70公分。

分類型態：周緣性淡水魚

鑑別特徵：體延長，呈紡綞形，前方圓形而後方側扁，口小，亞腹位，平橫，眼圓，前側位，脂眼瞼發達，背無隆脊。側線13～15條，體被較大櫛鱗，鱗片具有多列顆粒狀櫛刺，頭部被小圓鱗。體被暗綠色，體側銀白，腹部白色，各鰭有黑色小點，有一金黃色圓圈，繞著眼球、虹膜。

生態習性：喜棲息於河口及沿岸淡、鹹水區，本種產卵時會洄游至外海，稚魚會溯入河川。雜食性，成魚偏草食，以吞食底泥之矽藻為主，稚魚則偏肉食性。

地理分布：全省各河口及沿海皆有分布。

釣魚方式：此魚種數量極多，全省各西部河口或小漁港內，均可釣獲。釣法：手竿浮標釣，手竿9-15呎溪流竿。釣鉤：伊勢尼2-3號或類似者。釣線：0.8-1.5尼龍線。浮標：1-3號長型止水浮標。釣餌：海蟲、小蝦肉、市售黑格丸或萬能香餌皆可。

布氏金梭魚

學名：*Sphyraena putnamae* Jordan *et* Seale　　科名：金梭魚科 Sphyraenidae

別名及俗名：竹針魚、金梭魚

特　有　種：非台灣特有種

體　　　長：一般為20～30公分，最大可超過1公尺。

分類型態：周緣性淡水魚

鑑別特徵：體延長，呈次圓狀形，口大，前位，稍斜裂，吻部尖突，下頜突出，眼大，上側位，眼間隔寬平，頭部尖而長。背緣線較為平直，體被細小薄圓鱗，側線平直，胸鰭短，靠近體軸，腹鰭腹位，鰓耙退化或呈剛毛狀，尾鰭深分叉，兩葉尖突。體呈銀色或銀白，體側中央有整列暗灰色斑塊，背部深灰，各鰭顏色較暗。

生態習性：喜棲息於河口及沿岸。肉食性，以掠食小魚為食。性兇猛，攻擊力強，幼魚（50公分以下）成群結隊覓食，成魚單獨行動，屬洄游性魚種。

地理分布：本省西部河口及沿岸地區。

釣魚方式：此魚種性兇猛，屬獵食性魚。水清時，可於河口或港區以假餌釣獲。釣法：路亞假餌釣。釣竿：8-12呎路亞釣竿。釣線：3-5號碳纖維線。釣餌：魚型、蝦型假餌，約5-9公分即可。

斑頭肩鰓鳚

學名：*Omobranchus fasciolatoceps* (Richardson)　科名：鳚科 Blenniidae

別名及俗名：肩鰓鳚

特 有 種：非台灣特有種

體　　　長：一般不超過10公分。

分類型態：周緣性淡水魚

鑑別特徵：體延長，呈橢圓形，稍側扁，體前部較高，口小，稍斜裂，上下唇平滑，上下頜具後犬齒，眼小，上側位，頭部略小，頭上無鬚毛，鰓裂位胸鰭基上方，體後部較窄小，尾柄短小，側扁。體無被鱗，腹鰭呈絲狀，尾鰭呈圓弧形。體淺棕或褐色，頭部有四條暗帶，眼後有一卵形大黑點，背鰭灰黑，尾鰭深色。

生態習性：喜棲息於河口區之半鹹水域。雜食性，以小型魚類、甲殼類及其它有機質為主食。屬小型淺水區魚類。

地理分布：本省西部河口區。

釣魚方式：此魚種因魚體太小，且數量稀少，不易釣獲。

黑斑肩鰓䲁

學名：*Omobranchus ferox* (Herre)　　科名：䲁科 Blenniidae

別名及俗名：肩鰓䲁

特　有　種：非台灣特有種

體　　　長：一般不超過10公分。

分類型態：周緣性淡水魚

鑑別特徵：體延長，呈橢圓，稍側扁，吻短鈍，口小，略平直，前上頜齒40枚以下，上下唇平滑，眼中大，上側位，鼻孔前無皮瓣，雄魚的項部有低肉冠，間鰓蓋骨之腹後側有突起，背腹緣線平直，背側呈圓弧形。體無被鱗，腹鰭呈絲狀，尾鰭扇形。身體暗褐色，眼後有一白色斑紋，各鰭鰭條顏色較深。

生態習性：喜棲息於河口區半鹹水域。雜食性，以小型魚類及甲殼類為主，亦食底藻、小型無脊椎動物。屬於小型淺水區魚類。

地理分布：僅分布於南台灣河口。

釣魚方式：此魚種因魚體太小，且數量稀少，不易釣獲。

淡水魚

溪鱧
Loach goby

學名：*Rhyacichthys aspro* (Kuhl *et* van Hasselth)　科名：溪鱧科 Rhyacichthyidae

別名及俗名：石貼仔、溪塘鱧

特　有　種：非台灣特有種

體　　　長：一般為10公分，最大可超過30公分。

分類型態：周緣性淡水魚

鑑別特徵：身體頭部縱扁，腹面扁平，體中央後側扁，口甚小，開於吻端腹側，
　　　　　上唇肥厚，下唇隱於腹面，眼小，下位，頭部平扁，頭部、腹面及胸
　　　　　鰭特別平坦。具有側線，體被櫛鱗，胸鰭大，扇形，腹鰭互相遠離，
　　　　　尾鰭微凹。體背側略呈暗褐色，腹部略白，胸鰭及腹鰭各具有黑色橫
　　　　　斑，尾鰭具有2～3列黑色橫紋。

生態習性：喜棲息於水流湍急之水域，如：山澗小溪。底棲性魚種，主要以刮食
　　　　　岩石表面的藻類及水生昆蟲為食，溯河能力強，屬洄游性魚類。

地理分布：本省無污染之溪流皆有分布，以東部較多。

釣魚方式：此為珍貴稀有魚種，若釣獲，請放生。

曙首厚唇鯊
Ocellated river goby

學名：*Awaous melanocephalus* (Bleeker)　　科名：鰕虎科 Gobiidae

別名及俗名：狗甘仔、甘仔魚

特 有 種：非台灣特有種

體　　　長：一般為10公分左右，最大可超過15公分。

分類型態：周緣性淡水魚

鑑別特徵：體延長，前部略呈圓筒型，後部側扁，尾柄較高，吻長而突出，吻背平直，唇部肥厚，圓鈍，上下頜齒細小，頰部具有垂直的感覺，乳突，眼高，上側位。體被細小櫛鱗，胸鰭寬圓，尾鰭呈長圓形。體呈綠褐色，腹面灰黃色，體側有7～8個不規則之塊狀黑斑，最後一個在尾鰭基部中央，腹鰭、臀鰭呈灰白色。

生態習性：喜棲息於溪流及河口區，底棲性小型魚類，較少溯游於瀨區，多停於河床，攝食砂石間之水生昆蟲或其它小動物。

地理分布：全省各河川中、下游未受污染之水域。

釣魚方式：此魚種因魚體小，鮮少人以釣此魚為主，但仍可以小鉤、小線釣獲。釣法：手竿直感釣法，6-9呎蝦竿。釣鉤：袖型2-4號或類似者。釣線：0.6-1.5號尼龍線或市售之串鉤釣組。鉛垂：1-3錢中通鉛。釣餌：蚯蚓、小蝦肉、魚蟲均可。

大彈塗魚
Bluespotted mudhopper

學名：*Boleophthalmus pectinirostris* (Linnaeus)　科名：鰕虎科 Gobiidae

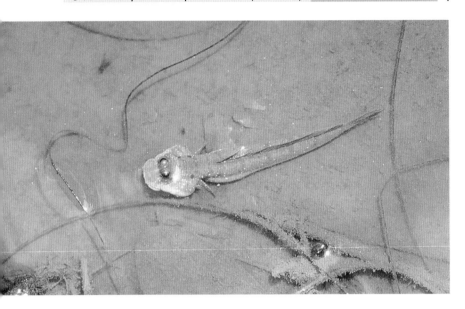

別名及俗名：花條、花跳

特　有　種：非台灣特有種

體　　　長：一般為10公分左右，最大可超過15公分。

分類型態：周緣性淡水魚

鑑別特徵：體長形，側扁，頭大，稍側扁，背、腹緣線略為平直，吻鈍而圓，上下頜各具齒一行，上頜齒尖銳，眼較小，背側位，下眼瞼發達，鼻孔位於吻褶前緣。體被細小櫛鱗，胸鰭有發達的臂狀基柄，腹鰭癒合成吸盤。體黑褐色，全身密布白色小點，第一背鰭深藍色，第二背鰭淺藍色，背鰭與尾鰭有許多斑點。

生態習性：喜棲息於河口區及紅樹林之泥灘地，成群爬行於沙灘上覓食。雜食性，以底棲矽藻等有機物為食，受驚嚇時，會迅速跳躍至招潮蟹所掘之泥洞中躲藏。

地理分布：本省西部河口泥灘地及紅樹林區。

釣魚方式：此魚種分布於各河口之泥灘區，數量仍多。釣法：以手竿15-21呎釣竿，竿尾綁約3呎之魚線，線尾綁1-2枚小魚鈎，以蚯蚓或海蟲為餌，將釣餌投於大彈塗魚面前，即可釣獲。

高體短鰻鰕鯱

學名：*Brachyamblyopus anotus* (Franz) 科名：鰕鯱科 Gobiidae

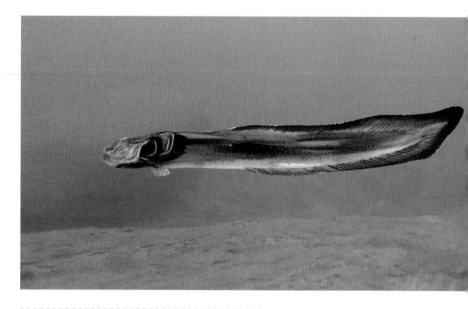

別名及俗名：狗甘仔、釣鋼仔、甘仔魚

特　有　種：非台灣特有種

體　　　長：一般不超過10公分。

分類型態：周緣性淡水魚

鑑別特徵：體呈細長條狀，略側扁，口中大，斜裂，吻背圓而鈍，眼退化，上側位，頭部無感覺管孔，兩鼻孔距遠。體前半身無鱗，後半身被鱗，兩背鰭相連，腹鰭成一吸盤，背鰭、尾鰭、臀鰭相連。體為紅色或粉紅色，各鰭較淡。

生態習性：喜棲息於沿岸淡水區及河口、紅樹林的沙泥底質環境中。雜食性，偏肉食，以小型魚類及甲殼類等為主食。喜好躲藏於泥沙中或石縫間，有時會進入河川下游水域中。

地理分布：本省中部以南的西部沿岸。

釣魚方式：此魚種因數量極為稀少，且魚體太小，不易釣獲。

神島硬皮鰕鯱

學名：*Callogobius tanegasimae* (Snyder)　科名：鰕鯱科 Gobiidae

別名及俗名：狗甘仔

特　有　種：非台灣特有種

體　　　長：不超過10公分。

分類型態：周緣性淡水魚

鑑別特徵：體頗延長，側扁，吻短，下頜前突，口斜裂，近垂直，頰部具有特化皮褶，眼背側位，位於體前半部，頭具大型垂直皮脊，頭側乳突橫列，體高頗低。體被細小圓鱗，具有二背鰭，其中第二背鰭與臀鰭形狀相同，尾鰭呈長茅形。體呈暗棕色，各鰭顏色較淺，鰭條較深。

生態習性：喜棲息於河川下游及河口區之礁石。夜行性，以魚苗及小型甲殼類為食。白天躲藏於沙泥或珊瑚礁中，屬底棲性魚種。

地理分布：本省台東、花蓮、宜蘭河川下游及河口區。

釣魚方式：此魚種因數量極為稀少，且魚體太小，不易釣獲。

櫛赤鯊
Blind goby

學名：*Ctenotrypauchen microcephalus* (Bleeker)　　科名：鰕鯱科 Gobiidae

別名及俗名：赤魚、櫛孔鰕鯱魚、櫛赤鯊、小頭櫛孔鰕鯱、赤鯊、小頭櫛赤鯊

特 有 種：非台灣特有種

體　　長：一般為10公分左右，最大可達20公分。

分類型態：周緣性淡水魚

鑑別特徵：體頗延長，前部圓筒形，後部側扁，吻短而圓鈍，口小，斜裂，下頜突出，眼退化，埋於皮下，眼間隔突出，頭部側扁，頰部圓突，鰓蓋上方有一深凹穴，內通小腔，不與鰓通，背鰭棘部和鰭條部連續，腹鰭呈小型吸盤，尾鰭尖形。體呈紅色或紫紅色，各鰭較淡。

生態習性：喜棲息於河口半淡、鹹水域。雜食性，以小魚及小型甲殼類為食，亦食有機碎屑。多棲息於泥沙地及紅樹林中。

地理分布：本省西部河川下游及河口區。

釣魚方式：此魚種因數量極為稀少，且魚體太小，不易釣獲。

台灣淡水魚地圖

多孔叉舌鰕鯱

學名：*Glossogobius sp.*　科名：鰕鯱科 Gobiidae

別名及俗名：甘仔魚、叉舌鰕鯱

特　有　種：非台灣特有種

體　　　長：一般為5公分左右，最大可超過15公分。

分類型態：周緣性淡水魚

鑑別特徵：體延長，前部呈圓筒形，口大，下頜較為突出，長於上頜，唇厚，眼中大，上側位，眼間隔容小，位於頭的前半部，頭部圓鈍、平扁，身體後半部側扁，尾柄較粗。體被中大型櫛鱗，腹鰭癒合成一吸盤，尾鰭呈圓形或長圓形。體呈淺棕色，體側有不規則的黑色斑塊成一橫列，各鰭顏色較淡。

生態習性：喜棲息於河口區水質清澈，未受污染的水域中，偶有在半鹹水中生存的族群。屬底棲性魚種。肉食性，以小魚、小蝦等為食。

地理分布：本省南部及東部河川下游及河口區。

釣魚方式：此魚種因魚體小，鮮少人以釣此魚為主，但仍可以小鉤、小線釣獲。釣法：手竿直感釣法，6-9呎蝦竿。釣鉤：袖型2-4號或類似者。釣線：0.6-1.5號尼龍線或市售之串鉤釣組。鉛垂：1-3錢中通鉛。釣餌：蚯蚓、小蝦肉、魚蟲均可。

斑點竿鯊
Flathead goby

學名：*Luciogobius guttatus* Gill　　科名：鰕鯱科 Gobiidae

別名及俗名：竿鯊、蚓鯊、狗甘仔、竿鰕鯱

特　有　種：非台灣特有種

體　　　長：最大可超過10公分。

分類型態：周緣性淡水魚

鑑別特徵：體細長而呈圓筒狀，頗延長，頭縱扁，尾側扁，吻長大於眼徑，口前位，眼小，上側位，位於頭背側。眼下方有一皮褶突起，沒有第一背鰭，腹鰭特化成圓形吸盤狀構造，身體無鱗片，尾鰭呈扇形。體色為淺棕或暗褐色，體側有許多白色小點，各鰭較淡。

生態習性：喜棲息於河川下游、河口及沿岸潮間帶之潮地之河口半淡、鹹水區。泳力略弱，不好動。屬底棲性魚種。雜食性，以幼魚、小型甲殼類及其他無脊椎動物、底藻為食。

地理分布：本省北部河川下游及河口區。

釣魚方式：此魚種因數量極為稀少，且魚體太小，不易釣獲。

楊氏羽衣鯊

學名：*Myersina yangii* (Chen)　科名：鰕鯱科 Gobiidae

別名及俗名：狗甘仔、楊氏猴鯊、甘仔魚、苦甘仔

特 有 種：台灣特有種

體　　長：10公分左右。

分類型態：周緣性淡水魚

鑑別特徵：體延長，側扁，略成圓筒形，口裂略斜，頰部較肥厚，向後延伸於鰓蓋前，鰓裂寬大達眼下方，眼大，上側位，眼間隔小。體被細小圓鱗，頭背無鱗，腹鰭特化成吸盤，尾鰭鈍茅型。體呈淺棕至暗黃色，各鰭淺黃至透明。

生態習性：喜棲息於河口區及紅樹林的泥地環境。不善泳，多於緩流區活動。底棲性魚種。肉食性，以小魚、甲殼類為食，與槍蝦共生，自1960年後即未再發現。

地理分布：本省西南部河川下游及河口區。

釣魚方式：此魚種因數量極為稀少，且魚體太小，不易釣獲。

南方溝鰕虎

學名： *Oxyurichthys visayanus* Herre　**科名：** 鰕虎科 Gobiidae

別名及俗名： 狗甘仔、甘仔魚、維薩亞鴿鯊

特 有 種： 非台灣特有種

體　　長： 一般為5公分左右，最大可超過10公分。

分類型態： 周緣性淡水魚

鑑別特徵： 體延長，側扁，背腹緣幾平直，口大，斜裂，上頷前突，頰部乳突呈橫列，兩頷齒各一列，下頷向上斜開，吻短而圓鈍，眼大，上側位，眼上方無觸角狀突物，眼間隔窄，鰓裂小。體被細小鱗片，第一背鰭頂端呈條狀延長，腹鰭特化為吸盤，尾鰭呈長茅形。體暗棕或藍綠色，略透明，側面有弧形橫斑，腹鰭較暗，其餘各鰭較淡。

生態習性： 喜棲息於河口區、河川下游及沿岸淺灘。底棲魚種，不善泳，喜於泥質地掘穴而居。肉食性，以小魚及甲殼類為主食。

地理分布： 分布於本省河川下游、河口等水域。

釣魚方式： 此魚種因魚體小，鮮少人以釣此魚為主，但仍可以小鉤、小線釣獲。釣法：手竿直感釣法，6-9呎蝦竿。釣鉤：袖型2-4號或類似者。釣線：0.6-1.5號尼龍線或市售之串鉤釣組。鉛垂：1-3錢中通鉛。釣餌：蚯蚓、小蝦肉、魚蟲均可。

台灣 淡水魚 地圖

淺色項冠鰕鯱

學名：*Cristatogobius nonatoae* (Ablan)　科名：鰕鯱科 Gobiidae

別名及俗名：狗甘仔、白頸脊鯊、甘仔魚、那氏脊鯊

特 有 種：非台灣特有種

體　　長：最大不超過10公分。

分類型態：周緣性淡水魚

鑑別特徵：體延長，側扁。口大而斜裂，吻短鈍，鰓裂小，頰部有2列乳突，眼中大，上側位，眼間隔窄，頭中大，稍側扁。體被中型櫛鱗，頭部無鱗，二背鰭分離，腹鰭特化成吸盤，第二背鰭與臀鰭相仿，尾鰭長圓形。體色暗棕色，背側顏色稍深，腹面稍淺，各鰭淺棕色，尾柄部分有淺灰色斑點。

生態習性：喜棲息於河口區，偶入淡水水域之河段。底棲性魚種，以夜行性為主，白天多藏於石塊中。肉食性，多以小魚及小型甲殼類蠕蟲為食。

地理分布：本省南部河口區。

釣魚方式：此魚種因魚體小，鮮少人以釣此魚為主，但仍可以小鉤、小線釣獲。釣法：手竿直感釣法，6-9呎蝦竿。釣鉤：袖型2-4號或類似者。釣線：0.6-1.5號尼龍線或市售之串鉤釣組。鉛垂：1-3錢中通鉛。釣餌：蚯蚓、小蝦肉、魚蟲均可。

彈塗魚
Chinese catfish, Mudfish, Far eastern catfish

學名：*Periophthalmus modestus* (Cantor)　　科名：鰕虎科 Gobiidae

別名及俗名：跳彈塗、石跳仔、泥猴、花跳、狗甘仔、花條

特 有 種：非台灣特有種

體　　　長：一般為3～10公分。

分類型態：周緣性淡水魚

鑑別特徵：體延長，側扁，吻短鈍，口寬大，平直，上下頜各具齒一行，唇發達，軟且厚，眼較小，背側位，突出於頭部，眼下有自由活動的下眼瞼，眼間距窄小。體被細小圓鱗，胸鰭末端稍尖，背鰭及臀鰭軟條數較少，尾鰭呈圓形。體青灰色或灰褐色，腹面灰白，體側有許多小黑點，及4條不清楚的下斜灰黑橫帶。

生態習性：喜棲息於紅樹林河口、港灣之半鹹水域，及沿岸淺水區。具穴居性，喜於退潮後的淺灘活動。主要濾食有機質，亦會以浮游動物及軟體動物為食。

地理分布：全省各河口區及淺灘、紅樹林。

釣魚方式：此魚種分布於各河口區之泥灘區，數量仍多。釣法：以手竿15-21呎釣竿，竿尾綁約3呎之魚線，線尾綁1-2枚小魚鉤，以蚯蚓或海蟲為餌，將釣餌投於彈塗魚面前，即可釣獲。

褐吻鰕虎
Common fresh water goby

學名：*Rhinogobius brunneus* (Oshima)　科名：鰕虎科 Gobiidae

別名及俗名：狗甘仔、苦甘仔、川鰕虎

特 有 種：非台灣特有種

體　　長：一般為5～10公分，最大可超過15公分。

分類型態：周緣性淡水魚

鑑別特徵：體延長，頭部略平扁，後方側扁，吻略尖突，口大，斜裂，眼小，上側位，眼間距窄小，鰓蓋裂延伸到鰓蓋中線下方。體被細小櫛鱗，後半部櫛鱗較大，腹鰭癒合成吸盤狀，尾鰭末端圓形。體色差異大，從淺棕到黃褐色皆有，鰓蓋及頰部有紅褐色之條紋，各鰭較淡。

生態習性：喜棲息於河川中、下游之純淡水水域，族群量相當龐大，水庫、湖泊、山澗小溪皆有分布。肉食性，以小魚及小型甲殼類為主食。

地理分布：全省各河川中、下游水域皆有分布。

釣魚方式：此魚種因魚體小，鮮少人以釣此魚為主，但仍可以小鉤、小線釣獲。釣法：手竿直感釣法，6-9呎蝦竿。釣鉤：袖型2-4號或類似者。釣線：0.6-1.5號尼龍線或市售之串鉤釣組。鉛垂：1-3錢中通鉛。釣餌：蚯蚓、小蝦肉、魚蟲均可。

大吻鰕鯱
Chinese catfish, Mudfish, Far eastern catfish

學名：*Rhinogobius gigas* Chen *et* Shao　　科名：鰕鯱科 Gobiidae

別名及俗名：甘仔魚、狗甘仔

特 有 種：台灣特有種

體　　　長：一般爲5～10公分，最大可超過15公分。

分類型態：周緣性淡水魚

鑑別特徵：體延長，頭部略平扁，軀幹圓鈍而後方側扁，吻部寬鈍，口大，斜裂，鰓裂延伸至鰓蓋中線下方，眼小而高，眼間距極窄。體被中大櫛鱗，頰部及鰓蓋裸出無鱗，腹鰭癒合成吸盤狀，尾鰭末端圓形。體色變異大，臉部有數條紅色之橫紋，體側有不規則大小斑塊，腹面灰白，各鰭較淡。

生態習性：喜棲息於主流及支流較低海拔的瀨區、急流等水域中。肉食性，以小魚及小型甲殼類爲主食。底棲性魚種，是典型河海洄游魚種，幼魚具浮游期。

地理分布：僅分布於台灣東部。

釣魚方式：此魚種因魚體小，鮮少人以釣此魚爲主，但仍可以小鉤、小線釣獲。釣法：手竿直感釣法，6-9呎蝦竿。釣鉤：袖型2-4號或類似者。釣線：0.6-1.5號尼龍線或市售之串鉤釣組。鉛垂：1-3錢中通鉛。釣餌：蚯蚓、小蝦肉、魚蟲均可。

極樂吻鰕虎
Paradise goby

學名：*Rhinogobius giurinus* (Aonuma *et* Chen) ｜ 科名：鰕虎科 Gobiidae

別名及俗名：狗甘仔、苦甘仔、極樂鰕虎

特 有 種：非台灣特有種

體　　　長：一般不超過10公分。

分類型態：周緣性淡水魚

鑑別特徵：體延長，圓鈍，後方側扁，頭大，吻端尖，口大，斜裂，前側位，唇厚，眼小而高，上側位，眼間隔窄小，頭部感覺乳突明顯。體被較大櫛鱗，體高與尾柄高度相近，左右腹鰭內側鰭條基部約略相連，形成不完整吸盤。體呈灰褐色或青綠色，頭部眼睛前方有5條褐色蠕蟲狀條紋，體側鱗片後緣有一白色斑，尾鰭有7～8條垂直橫紋。

生態習性：喜棲息於河川中、下游、湖泊及池沼。雜食性，喜食魚苗及水生昆蟲。屬河海洄游魚種，但多半分布於河川中游以下，相當普遍。散居於石縫或於石頭下方掘穴，產卵其下。

地理分布：全省各河川水域皆有分布。

釣魚方式：此魚種因魚體小，鮮少人以釣此魚為主，但仍可以小鉤、小線釣獲。釣法：手竿直感釣法，6-9呎蝦竿。釣鉤：袖型2-4號或類似者。釣線：0.6-1.5號尼龍線或市售之串鉤釣組。鉛垂：1-3錢中通鉛。釣餌：蚯蚓、小蝦肉、魚蟲均可。

短吻褐斑吻鰕虎

學名：*Rhinogobius rubromaculatus* Lee *et* Chang　科名：鰕虎科 Gobiidae

別名及俗名：狗甘仔、苦甘仔、赤斑吻鰕虎、短吻紅斑吻鰕虎

特　有　種：台灣特有種

體　　　長：一般不超過6公分。

分類型態：周緣性淡水魚

鑑別特徵：體延長，前部圓筒形，後部側扁，吻部略短，口裂中大，下頜突出，
　　　　　眼中等，間距寬，鰓裂延伸至鰓蓋中線。體被櫛鱗，胸腹部鱗片細
　　　　　小，頭與前項部無鱗，胸鰭呈橢圓形，尾鰭長圓形，體色淺棕至黃綠
　　　　　色，眼下有2條紅色橫紋，體側及鰓蓋前有不規則紅褐色小斑點密布，
　　　　　胸鰭、腹鰭較無斑，各鰭淺黃略透明。

生態習性：喜棲息於河川中、上游、水質清澈之水域，是典型陸封型的鰕虎科魚
　　　　　種，仔魚無浮游期，底棲性，不善泳，好流速較緩之水域。肉食性，
　　　　　以小魚苗及水生昆蟲為食。

地理分布：本省北部水系及中央山脈以西之水系中、上游。

釣魚方式：此魚種因魚體小，鮮少人以釣此魚為主，但仍可以小鉤、小線釣獲。
　　　　　釣法：手竿直感釣法，6-9呎蝦竿。釣鉤：袖型2-4號或類似者。釣線：
　　　　　0.6-1.5號尼龍線或市售之串鉤釣組。鉛垂：1-3錢中通鉛。釣餌：蚯
　　　　　蚓、小蝦肉、魚蟲均可。

日本禿頭鯊
Monk goby, parrot goby

學名：*Sicyopterus japonicus* (Tanaka)　　科名：鰕虎科 Gobiidae

別名及俗名：和尚魚、石貼仔、烏老、日本飄鰭鰕虎

特 有 種：非台灣特有種

體　　　長：一般為10公分左右，最大可超過20公分。

分類型態：周緣性淡水魚

鑑別特徵：體延長，略呈圓棍狀，後部側扁，吻部寬圓，口下位，呈馬蹄形，口橫裂於吻下，上下頜均有牙齒，眼小，上側位，眼間距小，平坦稍內凹。背鰭2枚，腹鰭特化成吸力強之吸盤，體被中小型櫛鱗，後部稍大，頭部光滑無鱗。體暗褐色，體色隨環境而變化，體背部見8～11個深色橫帶，各鰭顏色較淡，略呈透明。

生態習性：喜棲息於河川全段，溯河能力強，幼魚在上溯時，利用夜晚空氣較潮濕，由一石頭跳躍至另一石頭上。由於腹鰭特化成強力吸盤，因此能夠吸附在急流區及瀑布。雜食性，偏草食，以啃食石頭上之藻類為主食。

地理分布：全省皆有分布，但以東部為多，西部因多污染，不適合其生存。

釣魚方式：此魚種因魚體小，鮮少人以釣此魚為主，但仍可以小鉤、小線釣獲。釣法：手竿直感釣法，6-9呎蝦竿。釣鉤：袖型2-4號或類似者。釣線：0.6-1.5號尼龍線或市售之串鉤釣組。鉛垂：1-3錢中通鉛。釣餌：蚯蚓、小蝦肉、魚蟲均可。

種子鯊
Filletcheek goby, Chin-banded goby

學名：*Stenogobius genivittatus* (Valenciennes)　　科名：鰕鯱科 Gobiidae

別名及俗名：細鰕鯱、種子細鰕鯱、狗甘仔、石貼仔、甘仔魚、頰斑細鰕鯱

特 有 種：非台灣特有種

體　　長：一般不超過10公分。

分類型態：周緣性淡水魚

鑑別特徵：體延長，側扁，略呈棒型，口中大，下側位，斜裂小，呈馬蹄形，吻短而圓鈍，肩帶內緣具肉質皮瓣，眼大上側位，眼間隔窄小。體被小型櫛鱗，眼後方及頭部背面具細小鱗，頭部無鱗，左右腹鰭內側鰭條基部互以薄膜相連接，形成類似吸盤構造，但不具吸力，尾鰭長圓形。體呈黃棕色或青綠色，體側有8～12條暗色橫帶，眼下方具一寬黑橫帶，各鰭略呈透明。

生態習性：喜棲息於河川中、下游，水流平緩、水質清澈的半鹹水水域。雜食性，以小魚苗、小型甲殼類、水生昆蟲及有機碎屑為食。不善泳，屬底棲性魚種。

地理分布：本省東部及西部未受污染的河川中、下游水域。

釣魚方式：此魚種因魚體小，鮮少人以釣此魚為主，但仍可以小鉤、小線釣獲。釣法：手竿直感釣法，6-9呎蝦竿。釣鉤：袖型2-4號或類似者。釣線：0.6-1.5號尼龍線或市售之串鉤釣組。鉛垂：1-3錢中通鉛。釣餌：蚯蚓、小蝦肉、魚蟲均可。

中國塘鱧

學名：*Bostrychus sinensis* (Lacepede)　科名：塘鱧科 Eleotridae

別名及俗名：烏咕嚕、鰗虎、中國塘鱧

特 有 種：非台灣特有種

體　　長：一般為10～20公分。

分類型態：周緣性淡水魚

鑑別特徵：體延長，前部呈圓筒形，口裂大，向後斜裂延伸達眼後緣下，吻背圓突，眼中大，位於頭前，鰓裂大，向腹側延伸，眼間隔寬，鼻孔具鼻管，體長為體高之5、6倍，具有鋤骨。體被細小圓鱗，腹鰭短小分離，尾鰭呈圓形。體上方綠色，腹面略帶黃色，第一、二背鰭有灰褐色縱帶，尾鰭具有褐色細紋，基部上方有一暗褐色圓斑。

生態習性：喜棲息於河口、紅樹林濕地或沙岸沿海的泥沙底質棲地中，並可溯河入淡水域中。主要以底棲小動物及藻類為食。屬夜行性魚種。

地理分布：本省西部沿河、河口泥灘區。

釣魚方式：此魚種數量逐漸稀少，不易釣獲。釣法：取一約3呎長之竹竿，竿尾綁一條約3呎長之魚線或布線，釣鉤以基奴2-3號為宜，釣餌以蚯蚓或小蝦即可。將釣餌投入河堤邊之石礁洞中或石堆之石縫中，即可釣獲。

褐塘鱧
Dusky gudgeon, Brown sleeper

學名：*Eleotris fusca* (Schneider *et* Forster)　　科名：塘鱧科 Eleotridae

別名及俗名：甘仔魚、黑咕嚕、棕塘鱧

特 有 種：非台灣特有種

體　　　長：一般為5～10公分，最大可達15公分。

分類型態：周緣性淡水魚

鑑別特徵：體延長，呈圓柱狀，向後逐漸側扁，口上位，口裂寬大，下頜前突，唇肥厚，眼小，上側位，眼眶區後至背鰭基前有一淺縱溝，背部輪廓低而微凸，體被細小櫛鱗，腹鰭分離，尾鰭呈圓形，體色變化大，一般為深褐至淺棕色，體背側和頭頂黃褐色，各鰭較淡。

生態習性：喜棲息於河口半淡、鹹水水域，常溯游入河川下游。肉食性，以小魚及甲殼類為主食，亦會攻擊同類。夜行性，平常於泥底活動。

地理分布：全省各河川下游河口區。

釣魚方式：此魚種數量逐漸稀少，不易釣獲。釣法：取一約3呎長之竹竿，竿尾綁一條約3呎長之魚線或布線，釣鉤以基奴2-3號為宜，釣餌以蚯蚓或小蝦即可。將釣餌投入河堤邊之石礁洞中或石堆之石縫中，即可釣獲。

淡水魚

斑駁尖塘鱧

學名：*Oxyeleotris marmorata* (Bleeker)　　科名：塘鱧科 Eleotridae

別名及俗名：筍殼魚、竹筍魚

特 有 種：非台灣特有種

體　　　長：一般為20～30公分，最大可超過50公分。

分類型態：次級淡水魚

鑑別特徵：體延長，呈圓筒狀，後部側扁，口大，口裂寬，上下頜齒細小而無犬齒，鋤骨見齒，頰部寬大，鰓裂較狹，眼小，上側位，位於頭前半部，眼間距寬大。體被中小型櫛鱗，二背鰭分離，背鰭無棘狀鰭棘，胸鰭基部略呈肉質性增厚，胸鰭與頭長相等，尾鰭長圓形。身體深褐色，全身佈滿不規則之淺黃或黃棕色斑塊，各鰭亦然。

生態習性：喜棲息於河川下游及沼澤、水庫、湖泊及野塘，喜歡水系較緩的水域，不善泳。夜行性，底棲肉食性魚種，攻擊性強，以小魚及甲殼類為主食。

地理分布：本省部份河川下游水域及湖泊、水庫中。

釣魚方式：此魚種數量逐漸減少中，不易釣獲。釣法：沉底直感釣。釣竿：8-15呎車竿。釣鉤：基奴2-4號或類似者。釣線：2-4號尼龍線。鉛垂：3錢-1兩中通鉛。釣餌：蚯蚓、小蝦或小肉片皆可。

三星攀鱸
Three spotted gourami

學名：*Trichogaster trichopterus* (Pallas)　　科名：鬥魚科 Belontiidae

別名及俗名：三星、三點曼龍、絲鰭毛足魚、三星鬥魚、青曼龍

特 有 種：非台灣特有種

體　　長：一般約8公分，最大可達15公分。

分類型態：周緣性淡水魚

鑑別特徵：體側扁，呈卵圓形，以背鰭為最高點，背鰭單一，臀鰭發達自鰓下延伸到尾鰭基部。腹鰭的第一根鰭延伸成絲狀，長至尾部，臀鰭發達，側線完全，體側有多條暗褐色橫紋，側表中央與尾柄基部有兩個黑色圓斑，與眼睛正好連成三星狀，故名之。身體為帶青之金屬色。

生態習性：本種可生活於鹹、淡水域中，耐污力強，可將空氣吞入腸和鰾呼吸，故可生活於低含氧量的水中。雜食性，以水生節肢動物、昆蟲及藻類為食，生存於溪流、河川及水庫、溝渠之中。

地理分布：本省南部的低海拔河流、水庫及水溝、池塘。

釣魚方式：此魚種分布於本省南部各水域。釣法以手竿浮標釣法為宜。釣竿：9-15呎溪流竿。釣鉤：袖型3-5號或類似之魚鉤。釣線：0.6-1.5尼龍線。浮標：3-8號溪流標。釣餌：小蚯蚓或市售之餌餌即可。

淡水魚

蓋斑鬥魚
Parodise fish

學名：*Macropodus opercularis* (Ahl)　　科名：鬥魚科 Belontiidae

別名及俗名：鬥魚、三斑、蝶魚、菩薩魚、台灣鬥魚、叉尾鬥魚、麒麟魚、台灣金魚

特 有 種：非台灣特有種

體 　 長：一般5公分左右，最大可達8公分。

分類型態：初級淡水魚

鑑別特徵：體長呈卵形而側扁，頭部中大，吻短而尖，口斜裂，開於吻前緣上端，上下頜皆有細小之頜齒，體被中大型的櫛鱗，側線退化。背鰭、臀鰭及腹鰭第一根軟條皆延長爲絲狀，老成魚之外緣鰭更長。體色爲藍綠色，體側有10條灰綠色之橫帶，間雜紅色或橘紅色，眼後緣至鰓蓋後緣有一寶藍色橫紋，腹鰭外側之鰭條鮮紅色，背鰭、臀鰭寶藍色，雄魚尾鰭紅色，後緣凹入，成魚延長，雌魚幼魚尾鰭後呈圓形，上下葉不能交叉，體色較淡。

生態習性：本種有一稱爲「迷器」的特化器官，可以直接呼吸空氣，因此可生存於低氧量之水中。繁殖期時，雄魚會以口吐泡沫築泡巢，雌魚產卵黏於巢下，若有散落，雄魚會將卵重新放回，且會照顧仔魚，照理來說生命力很強，但鬥魚對農藥和化學污染相當敏感，無法生存其中。無論幼魚或成魚，皆性好鬥，故名之。

地理分布：本省低海拔之池沼、溝渠曾皆有分布，目前除人工繁殖之池外，野外的個體極爲罕見。

釣魚方式：此爲珍貴稀有保育類野生動物，請勿違法捕捉。

攀鱸

學名：*Anabas testudineus* (Bloch)　科名：攀鱸科 Anabantidae

別名及俗名：過山鯽、攀木魚

特　有　種：非台灣特有種

體　　　長：一般為5～10公分，最大可達15公分。

分類型態：初級淡水魚

鑑別特徵：身體呈長卵形，側扁，頭部中大，口中大，斜裂至眼下方，口端位，下頜較上頜突出，具銳利的鋸齒，眼中大，上側位，眶前骨下緣有鋸齒，鰓蓋及下鰓蓋邊緣亦同，側線平直。體被中大型櫛鱗，背鰭與臀鰭相同，胸鰭卵圓形，尾鰭半扇形。體色淺褐稍呈鐵青色，體側有多列連續縱斑，尾鰭基部有一大型黑圓斑。

生態習性：喜棲息於水草繁生的河岸、淤泥底質的淺水區。底棲性，適應力強，在混濁或缺氧的水域中，皆可生存，唯不耐污染，可短時間離開水面爬至其它水域。肉食性，以小魚、小蝦及水生昆蟲等為食。

地理分布：本省中部湖泊、池塘。

釣魚方式：此為可能已滅絕魚種，若捕獲，請放生。

七星鱧
Asian snakehead

學名：*Channa asiatica* (Linnaeus)　　科名：鱧科 Channidae

別名及俗名：鮕鮐、月鱧

特 有 種：非台灣特有種

體　　　長：一般為10公分左右，最大可超過30公分。

分類型態：初級淡水魚

鑑別特徵：體延長，呈圓筒狀，尾部側扁，口大，開於吻端，口裂向後伸至眼下方，上下頜均有銳利的細齒，前鼻孔成管狀，眼小，上側位，眼間隔寬大。全身被中型圓鱗，頭頂鱗片特大，呈骨片狀，側線平直，其第一鰓弧上部有特殊副呼吸器，能直接呼吸空氣，背鰭及臀鰭發達，缺腹鰭，尾鰭圓形。體深褐色偶有淺棕色者，體側有箭頭形黑色橫紋8～10條，尾柄基部有黑斑一塊。

生態習性：喜棲息於河流、池塘等水質清澈的水域，可棲息於極狹窄的水域，如：小水沼中。肉食性，以小魚及甲殼類為主食。底棲性，白天棲息水域之底層，夜晚獵食，性兇猛。

地理分布：本省台北以南、台南以北及宜蘭的河川平原水域。

釣魚方式：此魚種體型比一般泰國鱧魚小，用手竿即可釣獲。釣法：沉底或浮標釣法皆可。釣竿：手竿9-18呎溪流竿。釣鉤：基奴1-3號或類似者。釣線：2-3號尼龍線。浮標：20-740號溪釣短浮標。釣餌：蚯蚓、小蝦、小活魚或魚蟲皆可。由於數量不多，非必要，請勿捕捉。

鱧魚
Formosan snakehead

學名：*Channa maculata* (Lacepede)　　科名：鱧科 Channidae

別名及俗名：雷魚、南鱧、鱧

特　有　種：非台灣特有種

體　　　長：一般為10～30公分，最大可超過60公分。

分類型態：初級淡水魚

鑑別特徵：體延長，呈圓筒形或棒形，頭背面平直，後部漸側扁，吻短鈍，口大，端位，口裂大，下頷微突，上下頷均有銳利牙齒，眼小，上側位，眼間隔寬且平坦，側線平直。頭部及體部均被有中小型圓鱗，背鰭基底長，胸鰭寬圓形，側位腹鰭短小，尾鰭圓形。體暗灰色或灰黑色，體側有3縱列大型暗斑，腹部灰白，各鰭顏色較淡。

生態習性：喜棲息於河川中、下游、水庫、湖泊、池沼等水流緩和、水草雜生的水域。底棲性，好淺水區。性極兇猛，掠食性強，除小魚及甲殼類外，亦會至岸上捕食兩棲爬蟲類，有「水庫小霸王」之稱。

地理分布：全省河川平原皆有分布，東部地區是因人為移置而繁殖出野外族群。

釣魚方式：此魚種食性兇猛，可以路亞假餌釣獲，沉底釣法亦可。路亞釣法：5-7呎路亞竿。釣鉤：軟蟲鉤1-2號即可。釣線：2-3號尼龍線。釣餌：3-7公分軟蟲形假餌。沉底釣：車竿9-12呎。釣鉤：基奴5-9號或類似者。釣線：3-6號尼龍線。釣餌：蚯蚓、溪蝦、泥鰍、小魚等活餌皆可。

線鱧

學名：*Channa striata* (Bloch)　科名：鱧科 Channidae

別名及俗名：泰國鱧、鱧魚

特 有 種：非台灣特有種

體　　　長：一般為10～40公分，最大可達70公分以上。

分類型態：初級淡水魚

鑑別特徵：體延長，頭後背平直呈圓筒形，頭寬大而鈍，口大，端位，斜裂大，向後延伸至眼後緣下方，眼中等大，上側位，眼間隔寬大，平坦，體被中型圓鱗。側線完全，背鰭基底長，臀鰭基底亦長，胸鰭寬圓，腹鰭腹位，尾鰭長圓型。體呈綠褐或暗黑色，腹部灰白，背面灰黑，各鰭顏色較淡。

生態習性：喜棲息於河川中下游、湖泊、水庫、排水溝。夜行性，掠食性兇猛魚類，有「魚虎」之稱。極耐污染，工業化學嚴重污染之大排水溝亦可存活，是穩定的外來侵入種。以魚蝦及兩棲爬蟲為食物。

地理分布：全省各河川下游及污染嚴重的水溝中，皆可發現。

釣魚方式：此魚種食性兇猛，可以路亞假餌釣獲，沉底釣法亦可。路亞釣法：5-7呎路亞竿。釣鉤：軟蟲鉤1-2號即可。釣線：2-3號尼龍線。釣餌：3-7公分軟蟲形假餌。沉底釣：車竿9-12呎。釣鉤：基奴5-9號或類似者。釣線：3-6號尼龍線。釣餌：蚯蚓、溪蝦、泥鰍、小魚等活餌皆可。

長吻棘鰍

學名：*Macrognathus aculeatus* (Bloch)　科名：棘鰍科 Mastacembelidae

別名及俗名：帶刀魚、棘鰍、豬母鋸

特 有 種：非台灣特有種

體　　　長：一般為10公分左右，最大可達30公分。

分類型態：初級淡水魚

鑑別特徵：體略側扁，極延長似蛇狀，尾部向後漸扁薄，口中大，末端可達眼前緣，上唇延長而略往下垂，吻稍長，眼小，上側位，頭小而往吻端略呈三角型，側線完全。體被細小鱗片，前部的硬棘十分發達，起於胸鰭後緣直上方，各棘短而分離，背鰭、臀鰭與尾鰭完全相連，無腹鰭、尾鰭長茅形。體深褐色至淺棕，體側有40個寬而稍微相連之寬橫帶，尾鰭有菱形之網狀黑色紋路。

生態習性：喜棲息於水渠、野塘、田溝及河川下游緩流區水域。好泥質底，躲藏於洞穴石縫中。夜行性。以小魚、小型甲殼類為食，亦捕食蚪蚪。掠食性，性情兇猛。

地理分布：桃園縣內溝渠、池沼、塘埤。

釣魚方式：此為瀕臨絕種或可能已滅絕之魚種，若捕獲，請放生。

淡水魚

琵琶鼠

學名：*Pterygoplichthys sp.*　科名：棘甲鯰科 Loricariidae

別名及俗名：垃圾魚、異甲鯰

特 有 種：非台灣特有種

體　　長：一般為20～30公分，最大可超過50公分。

分類型態：周緣性淡水魚

鑑別特徵：身體扁而略長，胸腹部平坦，頭部至腹鰭前之身體略呈三角形，尾柄修長，尾部側扁，眼小，上位，口大，開於腹面，特化成吸盤，具一對鬚口內佈滿細小之利齒。體被並排之硬鱗，形成硬鞘，背鰭大如帆，第一根為硬棘，胸鰭亦然。品種不同，顏色花紋亦不同，多為全身黑色或有網狀黃棕色之花紋。

生態習性：底棲性魚種，多棲息於河川下游及平原水域，耐污染。雜食性，偏腐食性，喜好水流較緩之水域。

地理分布：全省各低海拔河川及平原水域，或污染嚴重的溝渠。

釣魚方式：此魚種為近年遭棄養之觀賞魚，但因各河川越來越多，亦可於垂釣時釣獲。釣法：此魚種晝伏夜出，水濁時更易釣獲，宜用沉底直感釣法。釣鉤以基奴3-5號或類似之魚鉤，釣線宜用3號以上的尼龍線，釣餌以葷餌為主，如：蚯蚓、溪蝦等。

附錄一

水域中常見的生物

本篇將介紹溪流、河川、湖泊、池沼中，有可能因觀察魚類而接觸的其它種生物，進而觀察更多彩多姿的生物世界。

水域中常見的兩棲類

盤古蟾蜍

學名：*Bufo bankorensis*

形體特徵：大型肥壯，體色黃褐、赤褐、灰色，變化頗大，身體粗糙，佈滿大小不均的疣粒，眼後有一橢圓形耳後腺，會分泌毒液，由於體型肥碩，不善跳躍，多以爬行方式前進。

生態習性：普遍分布於台灣全島，從平地至高海拔山區，棲息於開墾地、山林步道，或池沼附近。

黑框蟾蜍

學名：*Bufo melanostictus*

形體特徵：中型，體色黃褐、灰黑色，眼睛上方有一黑色稜起眼眶，眼後有一橢圓形耳後腺，會分泌白色毒液。

生態習性：普遍分布於全省平地至低海拔山區，棲息於開墾地、水田、草澤地、水溝附近。

中國樹蟾

學名：*Hyla chinensis*

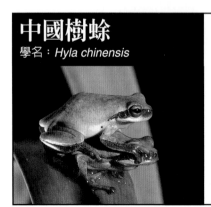

形體特徵：小型，體色黃綠，腹部兩側黃色，並帶有零散大小黑斑至鼠蹊部，眼睛至鼓膜處有一黑褐色眼罩。

生態習性：廣泛分布於低海拔山區，喜棲息於果園、竹林之地，常於雨後大量出現。

巴氏小雨蛙
學名：*Microhyla butleri*

形體特徵：小型，體色灰色、土褐色，背部帶有不規則曲線花紋，並佈滿大小不均的顆粒，前後肢有略小吸盤。

生態習性：零星分布於中南部低海拔山區、丘陵地，棲息於落葉底層或溝邊，下雨時，常成群出現。

黑蒙西氏小雨蛙
學名：*Microhyla heymomsi*

形體特徵：小型，體色灰褐、紅褐色，體型呈三角形，吻端至股部有一條細白色背中線，中央有一對黑色小括弧。

生態習性：分布於中南部及東部山區，棲息於丘陵地、沼澤附近，及森林底層、落葉石縫堆中。

小雨蛙
學名：*Microhyla ornate*

形體特徵：小型，體色淡褐、土褐、淺灰色，身體呈三角狀，背中央有一明顯三角，略呈曲線花紋，兩側亦有細小線紋。

生態習性：普遍分布於全省平地農田、沼澤區域極低海拔山區，較常見於草叢間或落葉間。

史丹吉氏小雨蛙
學名：*Microhyla steinergeri*

形體特徵：小型狹長，體色變化頗多，有灰褐、淺褐及深灰，背部、身上分布大小不均之黑色斑點。

生態習性：零星分布於中部以南低海拔山區、丘陵地，棲息於樹林底層或落葉堆附近，常於雨後成群出現。

腹斑蛙
學名：*Rana adenopleura*

形體特徵：中型，體背為褐色，或深褐色，具有背側褶，背中央有一條淺黃色線，至兩眼中間，體側、後肢散有黑色斑點，後肢黑色橫帶明顯。

生態習性：廣泛分布於全省中低海拔山區，喜棲息於沼澤、湖泊及靜水區域，或不受污染的水域。

牛蛙
學名：*Rana catesbeiana*

形體特徵：大型，肥壯，體色墨綠色、褐色，體背有黑褐色米彩斑紋，大小不均，後肢粗壯發達。

生態習性：由於多為人工養殖，若野外所見，僅零星分布。

貢德氏赤蛙

學名：*Rana guentheri*

形體特徵：大型，體背土黃色、褐色，背側褶細小，鼓膜外圍有一白色淡紋，腹部兩側帶有深淺不均的黑色斑點。

生態習性：普遍分布於全省低海拔山區至平地，都市亦常出現，然生性隱密、機警，通常但聞其音、不見其影，棲息於水田、池塘或靜水溝渠旁。

古氏赤蛙

學名：*Rana kuhlii*

形體特徵：中型，體色灰褐、棕褐色，背部中央有一V形或八字形突起狀，體型肥壯，且頭部頗大。

生態習性：全省廣泛分布，棲息於低海拔山區的池沼、水溝或積水處，棲地多選擇乾淨、不受污染的水質環境。

拉都希氏赤蛙

學名：*Rana latouchii*

形體特徵：中型，體背茶色、赤褐色，背側褶厚大明顯，背部散有許多小顆粒狀，腹部兩側有大小不均的黑色斑點。

生態習性：普遍分布於全省中低海拔山區、平地，棲息於闊葉林、池沼邊、積水溝渠處，對人為開發地域極能適應，求偶期間，常大量聚集出現，一年四季均可見其蹤影。

澤蛙

學名：*Rana limnocharis*

形體特徵：中型，體色多變，有淺灰褐色、綠色，身體粗糙，背部有大小不一、短棒突起狀，且散有大小不均黑色斑紋，部分澤蛙亦會出現淡黃色的背中線。

生態習性：從平地至中、低海拔山區，是全省分布最廣泛的蛙類，棲息於水田、沼澤地域，對人為開發之環境均能適應。

長腳赤蛙

學名：*Rana longicrus*

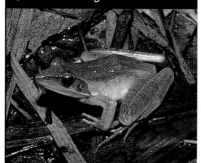

形體特徵：中型，細長，體色茶褐色、紅褐、黃褐色，背部有一八字形灰黑斑紋，並散有細小黑色斑點，鼓膜上有一深褐色菱形斑，後肢修長，善於跳躍。

生態習性：分布於全省中低海拔山區，棲息於闊葉林地底層及沼澤近水域。

金線蛙

學名：*Rana plancyi*

形體特徵：中大型，背部黃綠、翠綠色，帶有黑色斑點，背側褶有兩條明顯黃綠或淺褐色縱帶，背中央有一明顯黃綠色背中線，有些個體則無。

生態習性：分布於全省低海拔之開墾地及靜水池、筊白筍田、芋田區域。

豎琴蛙
學名：*Rana psaltes*

形體特徵：中型，背部有一明顯白色背中線至吻端，形體特徵極像腹斑蛙，但形體略小，因聲似琴弦之音，故得此名。

生態習性：目前僅分布於南投縣魚池鄉蓮花池，喜棲息於池沼旁的泥縫洞中，族群數量非常稀少。

虎皮蛙
學名：*Rana rugulosa*

形體特徵：大型，肥壯，體色灰褐、深灰色，腹部白色，散有黑灰色斑點，背部有排列整齊的短棒突起狀，此蛙為一般民間俗稱之田雞。

生態習性：早期廣泛分布於全島平地或低海拔山區水稻田區域，現今農藥濫用、工業污染，族群數量已逐漸消失中。現今市場所見多為農水場所養殖。

梭德氏赤蛙
學名：*Rana sauteri*

形體特徵：中小型，體色灰褐、赤褐、土黃色，眼眶間隔有一黑灰色橫帶，眼睛鼓膜處有一稜形黑色塊，趾端帶有微小吸盤，可適應溪流環境。

生態習性：廣泛分布於全省低海拔至高海拔山區，棲息於闊葉林、森林底層、潮濕岩壁及溪流附近。

斯文豪氏赤蛙
學名：*Rana swinhoana*

形體特徵：中大型，體色多變，不過仍以青綠、墨綠、褐色居多，背褶帶有一黑褐色縱紋，背部帶有零散黑色斑點，具有吸盤，跳躍能力極強。

生態習性：廣泛分布於中低海拔山區之溪流、山澗附近，少有群體聚集，多半保持彼此距離，生性隱密，白天多棲息於山澗、溪流的石縫洞中。

台北赤蛙
學名：*Rana taipehensis*

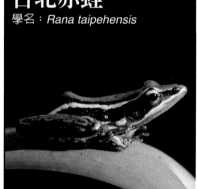

形體特徵：小型狹長，背色有黃綠、褐色，有白色背側褶，前後肢趾端有略小吸盤，善於跳躍。

生態習性：零散分布於全省低海拔丘陵地或平地沼澤區，棲息於未受污染之水澤區域，目前數量日漸稀少。

日本樹蛙
學名：*Buergeria japonica*

形體特徵：小型，體色會隨著棲地環境而變化，有淺灰、褐色、黃土色，皮膚粗糙，帶有小顆粒，背中央近肩胛處有一對短棒突起，背部有X或H形深色花紋。

生態習性：廣泛分布於全省中低海拔山區，棲息於溪流、溝渠或水塘附近，亦喜棲息於溫泉區域。

褐樹蛙

學名：*Buergeria robusta*

形體特徵：中大型，體色變化頗少，可從金黃色至黃褐、灰色均有，雌雄體型差異極大，雌蛙甚大於雄蛙，兩眼間有一之角斑紋，吸盤發達，善於攀爬。

生態習性：分布於全省低海拔山區，喜棲息於溪流、山澗附近。繁殖期間，會大量出現在溪流岩邊或石頭上。

艾氏樹蛙

學名：*Chirixalus eiffingeri*

形體特徵：小型，體色變化多端，有黃綠、土褐、墨綠色，背部有X或H型斑紋，前掌外側有明顯突起狀。

生態習性：普遍分布於全省中、低海拔山區，棲息於竹林、矮樹叢，常利用積水的樹洞或竹洞，進行繁殖。

面天樹蛙

學名：*Chirixalus idiootocus*

形體特徵：小型，體色會隨著棲地環境而改變，有深褐、紅褐或黃褐色，背部有一X或H大型斑紋，皮膚粗糙，帶有小顆粒狀。

生態習性：普遍分布於全省中低海拔山區，棲息於灌叢、草叢附近，或靜水池沼，是春、夏夜裡草叢堆中最常見的小型樹蛙。

面頜樹蛙

學名：*Polyoedates megacephalus*

形體特徵：中大型，體色從黃褐色至深褐色，背上有3～6條深褐色縱帶，鼠蹊部及後肢股間，有黑白網狀花紋。

生態習性：普遍分布於中低海拔山區，棲息於樹叢近水處、池塘、溼地附近，人工儲水池亦可見到。

諸羅樹蛙

學名：*Rhacophorus arvalis*

形體特徵：中小型，體色為鮮明的黃綠色或翠綠色，身體無任何斑點，是綠色樹蛙中體色最鮮明的，體側兩旁有一條白色線，從嘴唇環繞至股部。

生態習性：全省僅分布於雲林、嘉義縣，族群量以嘉義縣居多，棲息於灌叢、竹林、果園處。

橙腹樹蛙

學名：*Rhacophorus aurantiventrs*

形體特徵：中大型，體色翠綠、青綠色，腹部及吸盤為橙紅色，背部散有細小不均之白色斑點，下唇至股部體側有一白色細線。

生態習性：稀少分布於全省中低海拔原始闊葉林中，如：福山植物園、台中縣烏石坑山區、東部利嘉林道。

莫氏樹蛙

學名：*Rhacophorus moltrechti*

形體特徵：中小型，體色為翠綠、黃綠或墨綠色，腹部兩側有大小不均的黑斑，股部及後肢、蹼為朱紅色。

生態習性：普遍分布於全省中、低海拔山區及丘陵地，常棲息於潮濕樹叢、池塘、沼澤、溝渠邊。莫氏樹蛙現為台灣所有綠色樹蛙中，族群數量較多的一種。

翡翠樹蛙

學名：*Rhacophorus prasinatus*

形體特徵：中、大型，體色為翠綠、黃綠色，眼眶顳褶金黃色，腹部近股內側散有大小不均灰黑色之斑點。

生態習性：主要分布於北部山區，北縣坪林鄉、翡翠水庫、烏來、宜蘭福山，棲息於森林底層，或近水區域之植物附近。

台北樹蛙

學名：*Rhacophorus taipeianus*

形體特徵：中小型，體色以黃綠居多，偶因環境或棲地影響，亦會呈現墨綠色，趾及蹼膜為黃色，腹部則有白色或黃色，身體無任何斑點。

生態習性：分布於全省北部，至中部南投山區，其中以北部山區分布較廣，喜棲息於樹林、草叢或泥沼溼地旁，亦會藏身於石縫洞內。

水域中常見的爬行類

雨傘節

學名：*Bungarus multicinctus*
俗名：手巾蛇、銀環蛇

中型毒蛇，有強烈的神經毒，單位致死量為台灣毒蛇中最高。喜歡在水邊的草叢中、淺灘上活動。夜行性，以小型的兩生類和哺乳類為食，也會捕食蛇類和魚類，性情溫和，不會主動攻擊人，有時會為了追捕食物而進入住家，喜歡陰暗的環境，身上有明顯的黑白相間環狀花紋，相當容易辨認。

眼鏡蛇

學名：*Naja naja atra*
俗名：飯匙倩

中型毒蛇，性情兇猛，在受到驚嚇或感覺興奮時，會鼓漲頸部的肋骨撐起皮膚，挺起身體的前半段，裝腔作勢來嚇退敵人。日行性，母蛇有護卵的行為，喜歡在水邊的樹林下或長滿草類的沙土地活動，常在黃昏或晚上的時候在溪邊覓食。身體粗短，體背部全黑，頸部有一個眼鏡狀花紋。

龜殼花

學名：*Trimeresurus mucrosquamatus*
俗名：烙鐵頭

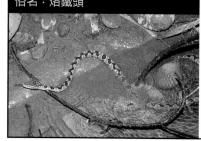

中型毒蛇。性情懶惰，受到驚擾時，攻擊性明顯變高，有時亦會有主動攻擊的情形，具出血毒，被咬到後，會劇痛難當，身上有大的黑色圓形塊斑，排列在身體背部中央，狀似龜殼，這也是牠名字的由來。身體通常是黃褐色，有時會有灰黑色的個體，喜歡棲息在石礫地，以小型脊椎動物為食。

赤尾青竹絲

學名：*Trimeresurus stejnegeri*
俗名：青竹絲

　　小型毒蛇。有在同一個地方捕食的習性，只要不易被侵擾，且食物來源充足，就有可能成為牠們的固定獵場。身體全綠色，身體側邊有一條白線，公蛇在白線下有一條紅磚色線，此稱之為公母二型性。喜歡吃小型脊椎動物，夜行性，隱蔽色良好，通常在兩公尺高的樹枝上棲息，也會在水邊的樹枝上棲息。

大頭蛇

學名：*Boiga kraepelini*
俗名：無

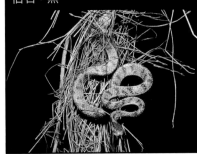

　　中型蛇類。具後溝牙，有微毒，對人類僅會造成紅腫及輕微疼痛，但在日本曾有對蛇毒過敏致死的例子，仍應小心謹慎。樹棲性蛇類，身體細長，頭部很大，這也是牠名字的由來。身體為褐色，背部有不明顯卵圓形黑斑，以蜥蜴及鳥類為食，喜歡盤據在溪邊的樹梢上，夜行性，略有攻擊性。

紅斑蛇

學名：*Dinodon rufozonatum*
俗名：臭節仔、紅節仔

　　中型蛇類。性情兇猛，被捕時會釋放惡臭和排泄物嚇退敵人。夜行性，常在溪邊的石縫中棲息，一般住家的附近也經常發現牠，可說是最都市化的蛇類。以小型脊椎動物為食，身體為暗紅色，背部有卵圓形的黑色斑塊，體側有一列黑點，偶爾也會在溪流中游泳覓食。

白梅花蛇

學名：*Lycodon ruhstrati*
俗名：無

　　小型蛇類。樹棲性，性情兇猛，以小型蜥蜴為食，身體前半端頗似雨傘節，可能有擬態效果，身體後半端花紋破碎，無毒蛇，被騷擾時常將身體前半部挺起，並擺出攻擊姿勢，將頸部彎成鐮刀型，恐嚇敵人。經常在果園或漁塭的周邊植被上發現，偶爾也會靠近人類住宅，伺機抓取守宮、蝎虎為食。

白腹遊蛇

學名：*TNatrix annularis*
俗名：水蛇

　　中型蛇類。身體粗壯，灰黑色身體上有不明顯的黑色橫紋，腹部有不規則排列的黑色斑塊。喜歡在溪流中逆流游泳，偶爾可以看到牠在石頭上曬太陽，晝夜均會活動，白天較為頻繁，以溪流中的魚蝦為食。性情溫和，但被捕時極具攻擊性，放置蝦籠時偶爾會捕獲。

草花蛇

學名：*Natrix piscator*
俗名：草尾仔蛇

　　中型蛇類。身體為土黃色間雜黑色斑紋，眼睛下方有兩條黑色斜線，是最大的特徵。民間有傳說其為土地公的女兒，或有稱作為花浪蛇。性情溫和，動作迅速，喜歡在水田或池塘邊活動，以青蛙或小魚為食，喜歡在黃昏的時候出來活動，會游泳，遇危險時常潛進水中躲避。

過山刀

學名：*Zaocys dhumnades*
俗名：大目仔蛇

　　大型蛇類。性情兇猛，動作迅速，身體為青綠色或草綠色，背部有數條黑色縱帶，行動時，因好像一把刀在草叢中蜿蜒起伏而得名。身體細長，以小型溫血動物為食，被捕捉時會激烈反抗。喜歡在草叢或草原上活動，眼睛極大，因此又叫大眼蛇，偶爾會在寬廣的農田地週邊發現牠的蹤跡。

南蛇

學名：*Ptyas mucosus*
俗名：山熱、南仔

　　大型蛇類。性情兇猛，身體為黃褐色、灰褐色或黑褐色，身體有數十道黑色橫斑，喜歡吃小型脊椎動物，特別是嚙齒類，所以又叫鼠蛇。感覺受到威脅時，會膨脹頸部，並且發出噴氣的聲音，企圖嚇退敵人，若還是沒有效果，會奮力攻擊，有時甚至會追擊至幾公尺外。棲息在廣闊的農墾地，在農舍週邊常可發現牠。

赤背松柏根

學名：*Oligidon ornatus*
俗名：無

　　小型蛇類。性情溫和，但也有某些個體性情兇猛，由於以爬蟲類和鳥類的卵為主食，因此發展出一套特殊的取食方式。他們會先咬住蛋，再將頭往左右旋轉，切開蛋殼取食卵，因此若不慎被咬，常會造成較大的傷口，宜小心注意。底棲性，喜歡在夜間行動，因身體背部有一條紅色縱帶而得名。

黑頸蛇

學名：*Sibynophis chinensis*
俗名：無

　　小型蛇類。底棲性，性情溫和，以小蜥蜴和小蛇為食，身體為淺棕色，頭部黑色，因而得名。上唇有一白線，頸部有一白色橫紋，腹部為淡黃色，有兩列小黑點。生性隱密不易發現，生態資料稀少。不過，常可在潮濕的森林底層發現。

青蛇

學名：*Eurypholis major*
俗名：無

　　中型蛇類。背部青綠色，腹面為黃色，性情溫和，日行性，就算抓在手上玩弄，通常都不會攻擊人。以昆蟲及其他節肢動物為食，嗜食蚯蚓，常常於晚間在樹梢的枝條上沉睡。通常可在溪流兩岸的闊葉林上發現，常被誤認為青竹絲而慘遭亂棒打死。其實，牠們的頭型卵圓，而青竹絲的頭型成三角，很容易辨認。

錦蛇

學名：*Elaphe teaniura friesei*
俗名：無

　　大型蛇類。動作快速，生性溫和，有些個體即使你接近牠到可以撫摸的地步，牠也不會發出攻擊。以小型溫血動物為食，常在次生林或農墾地上活動。身體為土棕色，眼部有一過眼黑帶，身體後半部有大型塊斑，身體粗壯，常常跑到農舍中尋找食物，還曾經有跑到養雞場偷吃仔雞的紀錄。

紅竹蛇

學名：*Elaphe porypyracea*
俗名：無

中型蛇類。動作緩慢，生性溫和，以小型脊椎動物爲食，身體紅棕色，眼部有一過眼黑帶，身上有數個黑色環帶，從眼睛的過眼黑帶延伸出一條黑色虛線斑紋，一直延伸至尾部，有些個體的黑色環帶會只剩下前後兩端的環狀線紋。畫夜均會活動，以夜間較多，數量少，不易發現。

灰腹綠錦蛇

學名：*Elaphe frenata*
俗名：無

中型蛇類。跟錦蛇一樣有過眼黑帶，身體全爲青綠色，成體時，過眼黑帶會消失。蛇棲性蛇類，喜歡吃小型脊椎動物，分布在亞洲南部，在台灣是新紀錄種，只在屏東的大漢山有發現紀錄。

牧氏攀蜥

學名：*Japalura makii*
俗名：肚定、老啄公仔

眼睛有一個過眼黑帶，有許多黑點散佈在下頦，身體側邊有數道黑色橫斑，腹部呈淺綠色，日行性，雄性蜥蜴具有領域性，會作出有如伏地挺身的動作，以宣示牠的領域權。樹棲性，不會斷尾自割。台灣特有種，數量稀少，分布侷限。

黃口攀蜥

學名：*Japalura polygonata xanthostoma*
俗名：肚定、老啄公仔

全身無大型鱗片，嘴內呈橙黃色，下班有數個白色斑點。雄性蜥蜴下巴有一個棕紅色的區域，雌性蜥蜴會將卵產在樹洞或藏在落葉堆下，雄性蜥蜴具有領域性，會作出有如伏地挺身的動作，以宣示牠的領域權。樹棲性，不會斷尾自割。台灣特有種，多分布在台灣北部。

斯文豪氏攀蜥

學名：*Japalura swinhonis*
俗名：肚定、老啄公仔

全身無大型鱗片，下巴有數個白色斑點，身體側邊有一條黃色縱帶，上頰內部呈黑色，眼睛周圍有放射狀黑色條紋。雄性蜥蜴具有領域性，會作出有如伏地挺身的動作，來宣示牠的領域權。樹棲性，不會斷尾自割。台灣特有種，多分布在台灣中南部，從平原至丘陵均有。

鉛山壁虎

學名：*Dinodon rufozonatum*
俗名：守宮、善銅仔

全身無大型鱗片，腳指下皮瓣僅有一列，身體背部中央有一列大型斑塊，利用腳指下皮瓣間的細毛及分泌黏液來幫助行動，與其他的守宮相比，其較喜歡待在野外的樹上，在家裡不易發現。以小型無脊椎動物為食，以台灣北部分布較多，常可在樹皮的縫隙中發現牠們的卵，兩兩成對，彼此相黏。

蝎虎

學名：*Hemidactylus frenatus*
俗名：善銅仔

全身無大型鱗片，腳指下皮瓣分裂成兩列，尾巴有許多大型的疣狀鱗片，身體顏色很容易隨著環境的不同，而展現出不同的花紋和體色，經常可以在居家環境中發現，晚上會發出很大的叫聲，聽起來有點像 的的的的……，晚上可以在路燈底下，發現牠正在伺機捕食昆蟲。

無疣蝎虎

學名：*Bhemidactylus bowringli*
俗名：善銅仔

全身無大型鱗片，腳指下皮瓣分裂成兩列，身體背部有許多斑駁狀花紋，體色深淺很容易隨環境不同而改變。晚上也會鳴叫，但是叫聲較小，以前有一個說法是：大甲溪以北的蜥蜴不會叫，以南的才會，其實只是因為蝎虎多分布在南部，本種多分布在北部，不過，隨著交通的發達，這種現象也逐漸消失了。

長尾南蜥

學名：*Dinodon rufozonatum*
俗名：肚定、肚定蛇

大型蜥蜴。喜歡在溫暖的午後，在路旁的石頭上曬太陽，會爬樹，常在廢棄的農舍中被發現。性情兇猛，被捕時會奮力掙扎，體型粗壯，日行性，會捕食所有能被牠嚼碎吞食的獵物，有時甚至會捕食小青蛙。多分布於台灣南部，因為在草叢中活動時，頭部上下起伏，鱗片光滑容易反光，常被誤認為小蛇

印度挺蜥

學名：*Sphenomorphus indicus*
俗名：肚定、肚定蛇

　　小型蜥蜴。分部地區很廣，棲息環境多樣化，是非常容易發現的一種蜥蜴。身體背面為淺棕色，上面有數道不明顯的黑色縱紋，腹面通常是乳白色，有些個體會呈淡黃色。其為台灣唯一卵胎生的蜥蜴，幼體的蜥蜴尾巴後半段呈赤紅色，會隨著年紀增長而消失。以小型脊椎動物為食。

柴棺龜

學名：*Mauremys mutica*
俗名：無

　　眼睛後方有一條黃色的細長縱帶，背甲黃褐色或黃色，背甲的中央有一條黑色突起。生活在靜態池塘邊，雜食性，每年春夏繁殖，數量稀少，不易發現，在一些淺水的泥地或坤塘中，較易發現。雜食性，背甲形狀特殊，整體看起來有點像一個火柴盒。

斑龜

學名：*Ocadia ainensis*
俗名：龜

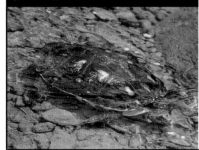

　　頭部有許多條綠色細紋，背甲深黑色，上面有三條黃色的突起，有時不太明顯。喜歡在靜態水域中生活，平時不太喜歡離開水，常常有個體背甲上長出水生苔類的現象。性情溫和，遇到危險時，會跑進水中避敵。在全省各坤湖、池塘中均可發現其蹤跡，雜食性。

食蛇龜

學名：*Cistoclemmys flavomarginata*
俗名：無

眼睛後面有一條黃色縱帶，臉頰部分有一塊黃色塊斑，腹甲黑色，中央有一條橫溝，使腹甲可以前後緊密閉合。以前人傳說牠可以用腹夾夾死蛇作爲食物，因而得名。但食蛇龜速度不快，可能是啃食蛇屍時被發現而誤傳。生性害羞，平時不太喜歡到水中，多在水邊的草叢中覓食。

紅耳泥龜

學名：*Trachemys scripta elegans*
俗名：巴西龜

眼睛後面有一塊紅色塊斑，大約在人類耳部部位，因而得名。外來種龜類，性情兇猛，對台灣本土龜類造成嚴重威脅。雜食性，目前已經在台灣各大水域中出現，與福壽螺、吳郭魚成爲危害本土水域生態最重的三大殺手。

鱉

學名：*Prlodiscus sinensis*
俗名：甲魚

鼻子呈豬鼻狀，背甲肉質化，身體呈棕綠色。性情兇猛，以水中的魚蝦爲食，一生中大多時間都在水中度過，是重要的食用經濟動物，已經有養殖的個體可供利用。脖子可伸長至水面呼吸，尾部藏在肉質背甲的後端下方，從上面往下看，很難發現，因而有「龜笑鱉沒尾、鱉笑龜頭短短」的民俗諺語。

水域中常見的甲殼類

大河沼蝦
學名：*Macrobrachium japonicum*

　　此種沼蝦頭胸甲部位光滑、無顆粒突起，具有細小的斑點於頭胸甲側面，呈縱狀排列。額角達到第一觸角的基部。喜歡棲息在溪流中上游等水流較為湍急且底質主要由石塊所構成的環境，偶爾在下游處也會發現。體色較深，呈現棕色。

日本沼蝦
學名：*Macrobrachium nipponense*

　　相較於產在台灣的其他沼蝦而言，其額角細且長，比較沒有彎曲。頭胸甲只有在大型的雌性個體上，才會有一個個像刺般的突起。有些個體為陸封型，終其一生都在淡水中度過。喜歡棲息於水流較為平緩或靜止的水域，例如位於高雄的阿公店水庫，即有此種分布。

絨掌沼蝦
學名：*Macrobrachium esculentum*

　　正如其中文名所稱，此種沼蝦最引人注目的特徵，便是那毛茸茸的第二步足掌節。但除了掌節外，第二步足的其他部位也都具有剛毛；再加上那左右明顯不一樣大的第二步足，以及身上佈滿的褐色花紋，很容易便能分辨本種與其他沼蝦。

細額沼蝦
學名：*Macrobrachium gracilirostre*

正如其中文名所稱，此種沼蝦額角的部分非常細短，想要從台灣所產的十多種沼蝦中分辨出來，其實很簡單。因為，在靠近尾部的身體背部，有一個非常明顯呈現橘色的V型花紋，花紋前端還有一條橘色橫帶，這都是牠與其他沼蝦不同的地方。

台灣沼蝦
學名：*Macrobrachium formosense*

此種沼蝦是依照採集自淡水河的標本命名，其種小名的意思為福爾摩沙。由英國人Bate於1868年發表，是台灣所產沼蝦第一種被發表的，但是並非台灣特有種。在台灣除了西南部外，其餘地區皆有紀錄，多棲息於河川下游或河口地區。

闊指沼蝦
學名：*Macrobrachium latidactylus*

第一眼見到此種沼蝦時，牠的第二步足左右不一樣大，而且不可動指基部非常寬，就如同牠的名字「闊指」。可動指及不動指合在一起時，中間的細縫為長橢圓形。這種沼蝦身體半透明，身上有許多深色小斑點，額角上的鋸齒可達18齒，是台灣所產沼蝦中最多的。

粗糙沼蝦

學名：*Macrobrachium asperulum*

此種沼蝦是一種陸封型的沼蝦。終其一生皆在棲息地度過，幼苗並不隨水流到河口生活。隨著個體體型越來越大，頭胸甲會長出棘狀突起，變得粗糙，又因爲老熟個體體色常變爲黑色，因此又叫做黑殼沼蝦。台灣是本種沼蝦在地理分布上的最南端。

羅氏沼蝦

學名：*Macrobrachium rosenbergii*

台灣所產的沼蝦體型，皆不大缺乏經濟上的價值，頂多是在山產店以炒溪蝦等形式出現。但羅氏沼蝦卻因爲體型大，具有食用價值，而被引進當作食用蝦，釣蝦場所放養的蝦子便是此種。目前偶爾在野外可以發現。在外型上，長且彎曲的額角，很容易與其他沼蝦區別。

克氏原喇蛄

學名：*Procambarus clarkii*

此種淡水蝦的外型，彷彿一般小型的龍蝦，幾年前曾經被引進台灣在水族館中販賣，供人欣賞。隨著風潮衰退，便有人將牠「放生」，不過，憑藉著牠強盛的適應力以及保護幼苗的行爲，卻變成了台灣水域的殺手，危害到其他生物的生存。

拉氏清溪蟹

學名：*Candidiopotamon ratbbuai*

　　屬於華溪蟹科、青溪蟹屬，本屬台灣僅產拉氏青溪蟹一種，是台灣分布最廣的淡水蟹，除東部一些地區外，其他地區皆可發現。生性兇猛，筆者曾經在野外，看見一隻蛙被牠以大螯夾住後腿，頭胸甲扁平像梯形，有許多突起。

藍灰澤蟹

學名：*Geothelphuas caesia*

　　頭胸甲光滑無突起，體色爲藍灰色；身體前半段色澤較深，步足爲淡黃色。屬於大型澤蟹，會挖洞於山溝旁的草叢或樹根之間。本種和產於台灣的其他澤蟹均爲台灣特有種，分布上僅限於高雄地區。

蔡氏澤蟹

學名：*Candidiopotamon tsayae*

　　中型澤蟹。棲息於底質爲礫石的溪流之中，僅分布於高雄縣、屏東縣兩地。體色爲橘色，頭胸甲前半部色澤較深。大螯及步足上均密布著橘色的細小斑點。前側緣明顯可見到一顆顆的小顆粒。

黃綠澤蟹
學名：*Geothelphuas olea*

說起台灣分布最廣的澤蟹，應該非牠莫屬了。在台灣，大部分的澤蟹分布只侷限於一些地方，但黃綠澤蟹的分布，卻是北至台北、南到台南縣，除了高屏之外，整個台灣西部均有其分布。頭胸甲前方外側（前側緣）具有明顯的突起。體色為黃綠色。

日本絨螯蟹
學名：*Eriocheir japonica*

也許絨螯蟹這個名字對大家來說太過陌生，但只要提到毛蟹，大家應該就比較熟悉了吧？本屬台灣產兩種，其中本種分布於台灣西部及宜蘭。每年繁殖季一到，便會回到海洋中交配、繁殖。幼苗經過幾次蛻殼後，迴向上游移動。但由於污染等原因，使得產量逐漸減少。辨別上，本種掌節內外皆有絨毛。

字紋弓蟹
學名：*Varuna litterata*

主要分布於全省河川的下游地區，偶爾於河川中游也可發現其蹤跡。頭胸甲扁平，步足上具有絨毛可協助游泳。春夏時節會發現幼體於河口集體溯溪而上。

紅螯螳臂蟹
學名：*Chiromantes haematocheir*

俗名紅螯蟹。蟹如其名，紅色的大螯氏牠的註冊商標，配上黃色的螯指，非常顯眼。但是這樣子的特徵，只出現於成熟的雄蟹上，此特徵在雌蟹或幼蟹上並不明顯。生活在河口地區，會在草叢中挖洞居住。常見於台灣北部及東北部。

無齒螳臂蟹
學名：*Chiromantes dehaani*

與前種相比，無齒螳臂蟹顯得樸素許多，螯足的顏色為淺橘色，並不亮眼。頭胸甲上有一些花紋，彷彿面具一般。分布上常見於中北部地區，生活環境與前種類似，但也會出現於淡水域。性情兇猛，會捕食其他蟹類。

隆脊張口蟹
學名：*Chasmagnathus convexus*

只要見過牠一眼，大概就很難忘記牠，因為牠身體的顏色是非常顯眼的紫色。不過，也有些個體的顏色為土黃色。頭胸甲明顯隆起，居住於河口附近底質為泥土的環境中。是肺吸蟲的中間寄主。

伍氏厚蟹

學名：*Helice sq.*

　　頭胸甲近乎方形，有絨毛，身體佈滿褐色斑點。居住於河口紅樹林及草澤等環境。本種於棲地的選擇上，偏好底質為石塊的環境。在野外，算是常見的蟹種。藉著頭胸甲有絨毛這個特徵，可將本種與其他厚蟹區分開來。

網紋招潮蟹

學名：*Uca arcuata*

　　屬於沙蟹科、招潮屬。本屬在台灣有十種（含兩亞種），在台灣所產的招潮蟹中，本種體型較大，也是台灣最常見的招潮蟹之一，幾乎可說有招潮蟹的地方，就有本種存在。頭胸甲背面有明顯的網狀花紋，雄蟹大螯呈現橘色，年輕的雄蟹大螯則偏橙紅色。

兇狠圓軸蟹

學名：*Cardisoma carnifex*

　　本種屬於地蟹科，大概是台灣所產的地蟹科中，分布最廣且最常見的。喜歡於漁塭旁的土提、紅樹林或防風林中挖洞居住。洞口外會有泥土堆積，就像土窯一般。外型呈梯形，頭胸甲極度隆起，體色為咖啡色。夜行性，夏日夜晚到海岸邊時，常可看見本種在外活動。

台灣淡水魚地圖

鋸緣青蟳

學名：*Scylla serrata*

屬於梭子蟹科。頭胸甲外型上像是一把打開的扇子，邊緣有鋸齒。從眼睛外的鋸齒算起，兩側各有九齒。最後一對步足特化成扁平狀，以利於游泳。全身密布深綠色的網狀花紋，棲息於紅樹林或潮間帶的泥質灘地中。屬於非常有名的食用蟹。

正蟳

學名：*Scylla paramamosain*

與鋸緣青蟳及紅腳蟳相比，本種體色看起來淡多了，身體呈現青綠色，不像鋸緣青蟳是深綠色；兩個大螯也不像紅腳蟳那樣紅，反而是白白的。棲息環境與前種相似，都是生活於紅樹林或潮間帶的泥質灘地。

紅腳蟳

學名：*Scylla olivacea*

蟹如其名，從外觀看來，便可以很清楚發現牠的大螯特別紅。早期鋸緣青蟳、正蟳及紅腳蟳這三種都被認為是鋸緣青蟳，後來才以螯足腕節外側兩棘的有無、兩眼間額棘的高低，將其區分成三種，本種體型為上述幾種中最小的。

水域中常見的水鳥

黃鶺鴒
學名：*Motacilla flava*

身體特徵：身長約17公分，夏羽腹面為鮮黃色，冬羽則以灰褐色為主，腳黑色。

生態習性：經常單獨活動於溪邊、田野等開闊地帶，邊走邊上下搖晃尾羽。性強悍，為爭奪度多領土打鬥追逐不休。以啄食地面小蟲及飛蟲為食。

分布：平地至低海拔水域附近、農耕地及草原均有分布。

白鶺鴒
學名：*Motacilla alba*

身體特徵：身長約19公分。台灣有四種亞種紀錄，以喉部斑塊之大小，背部色潭灰、黑深淺及有無過眼線來區分，其中白面白鶺鴒為部分的留鳥。

生態習性：食蟲。邊走邊啄食或飛撲驚飛的小蟲，站立時會不停地擺動尾羽。飛行時成波浪形，且邊飛邊「唧、唧」或「唧唧唧」地鳴叫。

分布：平地至低海拔水域地帶及住家附近。

赤腰燕
學名：*Hirundo striolata*

身體特徵：全身長約19公分。體背黑色帶藍色光澤，腹面淡橙色，有黑縱細斑。腰鑲紅色為其辨識特徵，尾羽分叉深。

生態習性：喜於空中補蟲及草籽。飛行緩慢，常用力鼓翼爬升後再滑翔前進，很少連續拍翅飛行。繁殖期在地面啣起泥土混以唾液後，黏著於屋簷牆壁上築巢。

分布：低海拔山區至平地之農村。東部地區較少出現。

家燕
學名：*Hirundo rustica*

身體特徵：全身長約17公分。體背黑色帶藍色光澤。面額鏽紅色，喉部有黑色橫帶。腹面白色。尾羽分叉不深。

生態習性：喜於空中補蟲及草籽。白天於空中及電線杆上棲息，夜晚則宿於芒草或甘蔗園中。近年在南投集集、水里等地甘蔗園，在秋末有遷移大量集結現象，群燕蔽空，相當壯觀。

分布：低海拔山區至平地之農村。

洋燕
學名：*Hirundo tachitica*

身體特徵：全身長約13公分。體背黑色帶藍色光澤，面額鏽紅色，腹面淡褐色，尾下覆羽具白色斑紋。

生態習性：喜於農村、耕地、池塘等水域之空中捕食。常於電線上棲息。

分布：低海拔山區至平地。

褐頭鷦鶯
學名：*Prinia subflava*

身體特徵：身長約15公分。嘴褐色，末端黑色，細小略下彎。體上黃褐色，眉斑、眼先及耳羽乳白色。體下黃白色。腳肉色。尾羽甚長，為鷦鶯類重要的辨別特徵。

生態習性：以昆蟲為主食。活潑、好動。常發出單調、平緩的「弟、弟、弟...」聲。無強烈領域性，常小群活動。築巢於草叢裡。

分布：平地至中海拔的農耕地、開闊的草原地帶，以平地最為普遍。

棕扇尾鶯
學名：*Cisticola juncidis*

身體特徵：身長約12公分。背灰褐色有白色花紋，眉線、臉頰白色，腹泛白色。

生態習性：錦 句鳥 食小蟲，單獨活動，常於草叢中鑽進鑽出，在繁殖季來臨時，會在草叢突出物上鳴叫，以宣示領域，還會在空中以極大弧度的方式，上下飛行、盤繞，邊飛邊發出「滴答」聲。築巢於灌叢枝葉分叉處。

分布：低海拔至海邊之草原及草叢地帶。

大白鷺
學名：*Egretta alb*

身體特徵：冬羽嘴黃色，足黑色，通體羽色白色，夏羽嘴轉變為黑色。脖子常彎成「S」狀。

生態習性：每年10月抵台，次年4月離台，性機警，常單獨或混於中白鷺或小白鷺群中漫步，以捕食魚蝦、昆蟲、兩生類為主。

分布：海岸、河口、湖泊、池塘之淺水及沙洲地帶。

小白鷺
學名：*Egretta garzettq*

身體特徵：全身長約61公分。全身白色，腳黑趾黃色，嘴黑色，眼黃色，換夏羽時，後頭及背、前頭均長出飾羽，眼睛轉紅色。

生態習性：覓食小魚、蝦、昆蟲時，以腳掃動水中魚蝦再吞食。繁殖時，常和夜鷺、黃頭鷺集體築巢於竹林、相思林中。

分布：活動於河口、海岸、魚塭或平地、山區溪流中。

蒼鷺
學名：*Ardea cinerea*

身體特徵：全身長約93公分。頭部白色，後方具有2根黑色飾羽，頸白色，前具有2-3條縱白斑。嘴、腳爲黃褐色。

生態習性：常群聚，靜立於水中，主要以魚、蝦爲食。

分布：沿海之沙洲、海口、沼澤地等。

黃頭鷺
學名：*Bubulcus ibis*

身體特徵：長約50公分。身白色，夏羽時頭、頸、背部換成橙黃色羽毛及飾羽。

生態習性：以昆蟲爲主食，亦捕食魚及蛙類。常停憩於牛背上捕食蠅蚋，因此又稱牛背鷺。繁殖季常與小白鷺、夜鷺築巢於防風林、竹林、相思林，形成鷺鷥林。

分布：平地至低海拔之旱田、沼澤、草原及牧場等地區。

中白鷺
學名：*Egretta intermedia*

身體特徵：全身長約70公分。全身白色，腳趾黑色，背、前頭有飾羽，冬羽嘴爲黃色，先端黑色。

生態習性：性群棲，常與大、小白鷺混群，覓食方式也似大白鷺，但脖子比例較短，不若大白鷺彎曲。

分布：海岸、河口溼地。

夜鷺
學名：*Nycticorax nycticorax*

身體特徵：全身長約58公分，足黃，嘴黑，頭部藍黑色，背深藍色，餘近白色，頭部並有白色飾羽。

生態習性：常小群於晨昏時在水邊覓食，故又稱暗光鳥。常與小白鷺、牛背鷺一起於竹林或木麻黃林中築巢，形成鷺鷥林。

分布：沼澤、溪流、魚塘。

八哥
學名：*Acridotheres cristatellu*

身體特徵：全身長約26公分。全身黑亮。嘴、腳橙黃色。上嘴基部長有黑色羽冠。翼上有白斑，飛行時非常明顯。尾羽兩側末端白色。尾下覆羽綠白色，形成白色橫紋。

生態習性：雜食性。常於農地、牛背及垃圾堆裡拾食果實、昆蟲及小型動物屍體。喜站立電線、樹梢鳴叫，叫聲如「儿、儿、儿......」音，有時也會模仿其他鳥種叫聲。

分布：空曠樹林、農耕地及住家附近。

斑尾鷸
學名：*Limosa lapponica*

身體特徵：全身長約41公分。多羽嘴紅棕色，尖端黑色，略向上翹，腹部白色，背部灰褐色。夏羽頭至後頸紅褐色，具縱紋，頭至腹面栗紅色，尾下覆羽白色，尾上覆羽有黑褐色斑點，故稱斑尾。

生態習性：於河口、沙洲、沼澤之淺水地帶，啄食小型底棲生物及無脊椎生物。

分布：單獨或小群出現於河口、沙洲、沼澤地帶。

濱鷸
學名：*Calidris alpinus*

身體特徵：全身長約19公分，嘴略長向下彎，腳黑色，冬羽腹部白色，背部灰色；夏羽背轉為紅色腹部黑色，又稱黑腹濱鷸。

生態習性：步行快速，常急停以嘴插入泥中表層覓食。以底棲生物、軟體動物及昆蟲的幼蟲為主食。

分布：常成群出現於沙洲或河口。

鐵嘴鴴
學名：*Charadrius eschenaultii*

身體特徵：全身長約22公分。體型略大於蒙古 行鳥，嘴腳略長，腳黃褐色，是和蒙古 行鳥 最大不同處之一。夏羽胸橙紅部分較窄，頭、背部灰褐色，黑色過眼線，冬羽腹面不帶黃褐色，胸部橙紅色消失，與過眼線皆轉為灰褐色。

生態習性：常兩、三隻或小群活動，常和蒙古 行鳥 混群，喜歡不停奔跑。

分布：活動於河口、沼澤等溼地。

東方環頸鴴
學名：*Charadrius alexandrinus*

身體特徵：身長約18公分，嘴足皆黑，夏羽有黑色過眼線，及在胸前中斷的黑色頸圈。

生態習性：常小群於溼地上覓食，繁殖季時築巢於開闊的旱荒地之石礫上。以腳扒出淺坑，然後在附近地面撿拾小石子、碎片；產卵後，持續撿回小石子，直至幼雛孵化離巢。

分布：海岸線上的河口、沙洲、魚塭、潮間帶等溼地。

磯鷸

學名：*Tringa hypoleucos*

身體特徵：長約18公分。嘴黑腳黃，有明顯白色過眼紋，背部淺褐，腹部白色，白色區域並向翼肩延伸，爲主要辨識特徵之一。

生態習性：外號「獨行俠」，常單獨出現，活動停止時會不時上下翹動尾羽。磯鷸主要以溼地之底棲無脊椎小生物爲食，繁殖季時築巢於少人爲干擾之溼地淺草叢中。

分布：平地至沿海地帶之水田、溝渠、魚

小環頸鴴

學名：*Charadrius dubius*

身體特徵：全身長16公分，嘴黑足黃，夏羽有金色眼圈，及黑色過眼帶、黑色胸圈。

生態習性：喜小群活動於地面上，啄食地表小蟲或無脊椎生物。性機敏，常以類似打嗝的挺身動作觀察週遭情況。覓食時會以足輕拍地面，再快速啄食受驚擾之小蟲或小型無脊椎生物。

分布：出現於河川、水田、沼澤、沙洲上。

小青足鷸

學名：*Tringa stagnatilis*

身體特徵：全身長約25公分，嘴黑色細長且直，不同於青足鷸略上翹的嘴，足暗黃綠色、冬羽背灰色，腹白色；夏羽除下背至腰爲白色。餘大致呈灰褐色，目有斑點。

生態習性：常以底棲無脊椎生物爲食，叫聲通常爲「丟、丟」。

分布：冬季長單獨或小群出現於河口、沙洲、沼澤、池塘、魚塭之淺水地帶。

鷹斑鷸
學名：*Tringa glareola*

身體特徵：全身長約22公分。嘴黑色，腳為黃綠色，有眉斑、腹白色，頸胸有細黑紋，背黑褐色有白色縱斑，顏色較淡，紅色斑不顯著，似猛禽斑紋，故名鷹。

生態習性：喜於內陸之潮濕地成小群活動。常佇立停棲於岩堆內，保護色甚強，有時不易發現，以底棲生物為主食。

分布：活動於沙洲、沼澤、水邊。

青足鷸
學名：*Tringa nebularia*

身體特徵：全身長約35公分，嘴灰黑色，略向上翹，是與小青足鷸除了體型差異外，最大不同的辨識特徵。冬羽足、背灰色，腹白色；夏羽則轉為灰褐色的背部。

生態習性：擅長合作圍捕魚群，亦以底棲無脊椎生物為食，叫聲通常為「丟、丟、丟」。

分布：冬季常小群出現於河口、沙洲、沼澤、池塘、魚塭之淺水地帶。

墀鷸
學名：*Calidris ruficollis*

身體特徵：全身長約150公分，嘴短略向下彎。夏羽背面紅褐色，頭上至後頸有黑褐色斑塊。冬羽背部灰褐色，腹部白色。飛行時，有白色係翼帶。

生態習性：常成群出現，以底棲生物為主食。

分布：河口、水田。

大杓鷸
學名：*Numenius arquata*

身體特徵：全身長約60公分。嘴長向下彎，故名大杓，下嘴喙基部肉紅色，腳鼠灰色，背黃褐色，胸蛋黃色有細縱斑，下腹白色，有黑色箭矢斑。

生態習性：喜食大型無脊椎底棲生物，如螃類、端腳類，常用嘴插入泥中探尋獵物，抽出獵物用水洗淨，用落蟹腳再吞食。

分布：單獨或成群出現在沙洲、河口、濱海地帶，漲潮時，會飛入魚塭棲息。

中杓鷸
學名：*Numenius phaeopus*

身體特徵：全身長約42公分，體型特徵略似大杓鷸，但體型較小，腳較黑，且頭有黃色頂線及黑色側線。飛行時，腰部白色極為顯著。

生態習性：大步而緩慢，邊走邊食，以嘴插入土中探尋食物，以底棲生物為主食。

分布：單獨或成群出現在沙洲、河口、濱海、沼澤地帶。

小杓鷸
學名：*Numenius minutus*

身體特徵：身長約31公分，外型略似中杓鷸但體型較小，嘴僅先端下彎，長度與頭部比例較相近，腳鼠灰色。

生態習性：常於較乾旱之地面，啄食地面或接近地表土中之蠕蟲或小昆蟲。食性與停棲處和大杓鷸、中杓鷸很不一樣。

分布：常單獨或成群出現於沙洲或河口之草原、旱田、農耕地。

紅冠水雞
學名：*Gallinula chloropus*

身體特徵：全身長約33公分。嘴黃近基部紅色，紅色部位延伸至前額。身體大體呈黑色，背部略帶褐色，體側各有一排白斑，腳呈黃色或黃綠色。

生態習性：常單獨或小群活動，游水或行走時喜上下擺動尾部，遇驚擾時會貼近水面奔跑，作短距離飛行。繁殖季時，會為了爭奪配偶或地盤而久鬥不休。亞成鳥會幫忙餵食剛出殼之雛鳥。

分布：平地至沿海地帶之水田、溝渠、魚塭、沼澤等溼地。

白腹秧雞
學名：*Amaurornis phoenicurus*

身體特徵：全身長29公分。背面灰黑、臉至腹面黃色，嘴足皆黃，尾下覆羽紅棕色。

生態習性：習性隱密，喜於晨昏時單獨或成對在水澤邊活動、覓食，叫聲「苦阿苦阿...」連續不輟。

分布：沼澤、水田、溼地周圍水草叢生處。

緋秧雞
學名：*Porzana fusca*

身體特徵：身長19公分，腳紅色，背部橄欖色，腹部栗紅色。尾下覆羽有黑白橫紋縱斑。

生態習性：習性羞澀，常單獨於清晨或無干擾的午後，在水澤邊活動覓食，一遇風吹草動即匿入草叢中，許久之後才會再出現，要觀察必須躲藏在偽帳中等待。

分布：沼澤、水田、溼地周圍水草叢生處。

魚鷹
學名：*Pandion haliaeetus*

身體特徵：體型雄長約52公分，雌長約62公分。嘴、過眼線、後頸、背部黑色，頭頂具雜斑、胸前帶有深棕色斑塊，通常雌鳥較為明顯，其餘部分羽色白色。

生態習性：空中定點振翅、俯衝入水以爪捕魚為食。喜棲於高大、突出之枯木或電線桿頂端進食、休息或築巢。

分布：濱海、湖泊、水庫區域。

紅隼
學名：*Falco tinnunculus*

身體特徵：身長約30公分，雄鳥頭至後頸、尾羽為鼠灰色，雌鳥全身為栗紅色，飛行時，雙翼狹尖。

生態習性：紅隼為小型猛禽，常於空中定點振翅尋捕獵物。食物種類以大型昆蟲及小型鳥類、鼠類為主。台灣地區沿海工業區及草原，是牠們最喜歡出沒的地點，因領域性極強，時常見一塊草原上，先後抵達的個體為爭奪領域而纏鬥數小時不休。

分布：多候鳥，出現於平地、河口、沼澤等，偶爾出現於高山。

綠頭鴨
學名：*Anas platyrhynchos*

身體特徵：全身長約59公分。雌雄外型差異大，雄鳥之頭頸部為綠色，故因而得名，嘴淡黃色，胸頸部具一白色環帶，尾端黑色，其他部位則為灰色，雌鳥嘴橙黃色具黑斑，全身褐色，具黑色斑紋。

生態習性：常混於其他鴨群中。

分布：河口、沿岸之沙洲、沼澤等地。

琵嘴鴨
學名：*Anas clypeata*

身體特徵：全身長約50公分。嘴較大、扁平似琵琶，雄鳥羽色顯著，頭頸部羽色閃亮綠色光澤。雌鳥體型較小，大致爲暗褐色。

生態習性：不善飛行，游速不快且鮮少潛入水中，喜於近岸泥地及水流緩慢的沙灘上覓食，尤其以水生動物及種子爲主食。擅長濾食或以鏟形嘴掘泥沙取食。

分布：開闊地區的湖泊、池塘及沼地。

小水鴨
學名：*Anas crecca*

身體特徵：全身長約38公分。雄鳥頭頸呈栗褐色，眼周圍暗綠色延伸至頭頸，尾下覆羽兩側呈黃色三角形斑，冬時似雛鳥全身黑褐色。雌鳥則全身呈黑褐色、腹面呈白色。

生態習性：常成群飛行，直接迅速出水振翅起飛，衝天直上，不需在水面助跑。喜於淺水帶之水域覓食各種水生動、植物。

分布：河口、湖泊、溼地及內陸溪流地帶。

花嘴鴨
學名：*Anas poeculorhyncha*

身體特徵：全身長約60公分。因嘴前端的鮮黃色斑紋而得名，雌雄羽色相似，白色眉斑顯著，翼鏡有藍綠色金屬光澤。

生態習性：喜潛泳，常與其他鴨類混群覓食水生動植物，爲雜食性鳥類，繁殖時期爲雌雄共同育雛。

分布：主要棲息於內陸大型湖泊、河口沿海一帶。

附錄二

台灣地區的大型水族館

目前國內大型及中型的公私立水族館超過十間，其中除了苗栗縣獅潭鄉的台灣本土魚類展覽館，是以介紹淡水魚為主，其餘均以海洋為主題，展出少數淡水魚，以下將簡介這六家大型水族館。

台灣本土魚類生態展覽館

台灣本土魚類展覽館是由清泉農場負責人何恭炤夫婦，以十年時間、耗資數百萬所創建，整個園區佔地近一公頃，水族箱以超過七十個展示缸及水底隧道展示近百種常見及珍貴稀有的淡水魚，是國內首座、也是規模最大的淡水魚水族館，館內有專人解說，及復育原生種淡水魚，並有完善的食宿服務。

台灣本土魚類展覽館正門

餐飲部

館址：苗栗縣獅潭鄉大東勢13鄰3-1號
電話：037-932207
傳真：037-932121
營業時間：09:00 ～ 17:00
門票：50元

原生淡水魚復育地

台灣淡水魚地圖

國立海洋生物博物館

國立海洋生物博物館坐落於墾丁國家公園內，以介紹海洋生態及展示爲主，其中包括台灣水域館，以高山溪流、水庫湖泊的大型展示缸，介紹原生種的溪水魚。

館址：屏東縣車城鄉後灣村後灣路2號
電話：08-8825678
傳真：08-8825061
營業時間：平日 09:00～18:00
　　　　　週日、春節 08:00～18:00
　　　　　全年無休
門票：全票300元、團體票250元
　　　優待票200元、幼兒票90元

海博館前庭

水域館入口

澎湖海洋生物研究中心
附屬水族館

澎湖水族館佔地2.5公頃，以展示海洋生態為主題，具有多個大型水族箱，耗資六億餘元，生動展示澎湖海域之水族生態。

館址：澎湖縣白沙鄉歧頭村58號
電話：06-9933006
傳真：06-9933008
營業時間：平日 09:00～19:00
　　　　　假日及旅遊旺季08:30～18:00
　　　　　星期四休館
門票：全票200元、學生軍票150元
　　　愛心票50元

展館一隅

大洋展示缸

台灣 淡水魚 地圖

水產試驗所台東分所水族生態展示館

　　成功水族館以台灣沿海生物資源介紹為主，東區樓面有淡水魚類展示池，館內有全國唯一的水質維生系統，設備非常完善。

館址：台東縣成功鎮港邊路21號
電話：089-854702〜3
傳真：089-851179
營業時間：09:00〜17:00
　　　　　星期四休館
門票：全票150元、優待票120元
　　　愛心票50元

水族館正門

水族館大廳

台北海洋館

　　台北海洋館是複合型的大型
水族館，除了有海底隧道、大型
魚缸等國際級設備，備有專業人
員解說，及類似主題樂園的遊戲
劇場。

館址：台北市士林區基河路128號
電話：02-28803636
傳真：02-28801571
營業時間：09:00～22:00
　　　　　全年無休
票價：全票480元、學生軍警票430元
　　　愛心票350元

沿海展示缸

台北海洋館正門入口

苗栗通霄西濱海洋生態教育園區

西濱海洋生態教育園區的水族館，以介紹七大洋的海洋生態為主題，也包括河川、洄游及沿岸的淡水魚，結合教育、休閒、娛樂等多重功能於一體。

館址：苗栗縣通霄鎮海濱路41之1號
電話：037-761777
傳真：037-761567
營業時間：冬令 08:00～17:30
　　　　　　 假日及夏令 08:00～18:00
票價：全票350元、半票320元

珊瑚魚類區

展示館一隅

【參考書目】

中文部分：

- 王漢泉。1985。高屏溪魚類分布調查。中國水產月刊。392期：24-29。

- 王漢泉。1986。大甲溪德基水庫魚蝦類初步調查報告。經濟部水資會。

- 王漢泉。1986。淡水河水系魚類分布和生態環境關係之研究。經濟部水資會。

- 汪靜明。1990。大甲溪魚類棲地生態研究及改善。國立自然科學博物館環境生態研究室。

- 沈世傑、曾晴賢、熊致遠。1991。台灣地區病媒蚊防治用土產魚類的調查研究，台灣大學動物研究所。

- 邵廣昭、林沛立。1991。灘釣的魚---砂岸的魚。渡假出版社。

- 林曜松等。1986。自然文化景觀保育論文專集（二）鮭鱒魚保育專集。

- 林曜松等。1988。櫻花鉤吻鮭生態之研究（一）。行政院農委會。

- 林曜松等。1988。櫻花鉤吻鮭生態之研究（二）。行政院農委會。

- 林曜松、張明雄。1990。大甲溪魚類生態調查計劃研究報告。台灣大學動物系。

- 彭鏡洲。1970。泥鰍養殖。台灣省農林廳。

- 詹見平。1989。大甲溪的魚類，台中縣新社鄉大林國民小學。（教育部專案補助）

- 詹見平。1989。大甲溪賞魚指南。台灣電力公司環境保護處。

●詹見平。1990。大甲溪生態和環境保護。台中縣新社鄉大林國民小學。

●詹見平。1990。大甲溪魚蝦生態調查報告。台中縣新社鄉大林國民小學。（教育部專案補助）

●詹見平。1991。大甲溪魚蝦及水棲昆蟲生態調查期末報告。台中縣新社鄉大林國民小學。（教育部專案研究）

●詹見平。1991。台灣中部溪流的自然科學教學資源調查。台灣省政府教育廳。（第一屆教育學術論文發表會）

●詹見平。1991。大安溪的魚類生態。中國水產月刊。463期：21-61頁。

●詹見平。1992。大甲溪生物誌。台中縣新社鄉大林國民小學。（教育部專案研究）

●詹見平、吳世霖。1992。台灣生物地理區南北過渡區的魚類生態。中國水產月刊。478期。

●詹見平。1996。大甲溪魚類誌。台中縣立文化中心。

●詹見平、吳世霖、張維佐。1994。溪流魚類。台中縣政府。

●詹見平、吳世霖、吳世能、陳志順。1998。食水科溪魚類資源調查暨保育宣導報告。台中縣山城生態環境維護協會。（大甲溪生態環境維護協會）

●杜懿宗、高保齡等。1999。洄瀾賞鳥圖誌花蓮縣常見鳥類指南。花蓮縣政府。

●沈世傑主編。1993。台灣魚類誌。國立台灣大學動物學系。

●周大慶、王惠姿。1999。台灣賞鳥地圖。晨星出版社。

●邵廣昭等。1996。台灣常見魚介貝類圖說（上）（下）---海藻與無脊椎動物。台灣省漁業局。

【參考書目】

●施志昀。1999。台灣的淡水蟹。國立海洋生物博物館出版。114頁。

●施志昀、游祥平。1998。台灣的淡水蝦。國立海洋生物博物館出版。

●施志昀。1994。台灣淡水蝦、蟹類之分類、分布及幼苗變態研究。國立海洋大學博士論文。

●徐國士等。1995。花東海岸及縱谷環境敏感地區之調查規劃與管理。中華民國國家公園學會。

●徐榮秀。1993。森林溪流淡水魚類保育工作報告。行政院農業委員會、台灣省政府農林廳林務局。

●國立台灣師範大學生物學系77年暑期生態研究隊。1989。台灣東部自然資源調查研究報告。

●張惠珠、張永州等。2000。洄瀾大地雙重奏記花蓮溪與秀姑巒溪生態景觀資源。花蓮縣政府。

●張惠珠、劉芝芬、賴美麗等。1997。花蓮溪口賞鳥手冊。花蓮縣野鳥學會。

●陳義雄、方力行。1999。台灣淡水及河口魚類誌。國立海洋生物博物館籌備處。

●麈世輝、張惠珠。1997。花蓮縣野生動物生態資源分布調查計劃。花蓮縣政府。

●曾晴賢。1998。豐坪溪及其支流水力發電開發計劃環境影響評估報告─水域生態。世豐電力股份有限公司。

●曾晴賢。1997。秀姑巒溪洄游性魚苗資源保育之研究。行政院農委會保育研究報告。

●曾晴賢、林宗以、蕭仁傑。1997。秀姑巒溪洄游性蝦虎資源量估算與洄游行為模式初探。1997年動物行為及生態暨兩棲爬行動物保育研討會報告摘要。

●曾晴賢、陳懸弧。1995。躍動的生命─秀姑巒溪的生物世界。東部海岸風景特定區管理處印行。

●曾晴賢、蕭仁傑。1995。秀姑巒溪洄游性魚苗溯河行為的研究。第三屆野生動物行為研討會論文摘要。

●曾晴賢。1994。秀姑巒溪河川資源及利用之研究。交通部觀光局東部海岸風景特定區管理處。

●楊懿如等。1999。花蓮的蛙類。

●董華澤、蔡文川。2001。台東縣野鳥學會雙月刊─馬武窟溪生態調查研究（二）。台東縣野鳥學會。

●裴家騏。1992。台東海岸山脈闊葉林自然保護區動物相之調查（一）。林務局保育研究系列。

●裴家騏。1994。台東海岸山脈闊葉林自然保護區動物相之調查（二）。林務局保育研究系列。

●趙仁方、劉炯錫、葉春良。1998。卑南大溪水生生物相。台東師院。

●劉炯錫、王土水。2000。台東縣卑南溪淡水魚分布與水理關係之初探─海峽兩岸流域經營管理暨東部河川集水區經營管理綜合研討會論文集。經濟部水資源局。

●劉炯錫、鄭明修、施炳霖、趙仁方、段文宏。1999。台東縣史地理篇生物章。台東縣政府。

●劉傑倫、蕭仁傑、曾晴賢。1998。台灣東部秀姑巒溪的鱸鰻初期生活史。中國生物學會與中華民國溪流環境協會八十七年聯合年會論文摘要集。

●劉炯錫、陳信朋、黃志鵬、卓家慶、蔡志奇。1996。新武呂溪及大崙溪高身鏟頷魚資源調查及管理計劃。台東縣政府農業局林務課保育研究。

●蕭仁傑。1998。秀姑巒溪洄游性蝦虎初期生活史與資源量。國立清華大學生命科學系。碩士論文。

●沈世傑、李信徹、邵廣昭、莫顯蕎、陳春暉、陳哲聰。1993。台灣魚類誌。國立台灣大學動物學系印行。

●沈世傑、曾晴賢。1980。就淡水魚的分布探討台灣與中國大陸及附近島嶼之關係。中國水產。

●林曜松、曾晴賢。1985。南仁山淡水魚類及水產動物之研究。墾館處研報。

●林曜松編。1990。森林溪流淡水魚保育訓練班論文集。台灣省農林廳林務局。台北市。

●邵廣昭、林沛立。1991。溪池釣的魚─淡水與河口的魚。渡假出版社。

●邵廣昭、沈世傑、丘台生、曾晴賢。1992。台灣魚類之分布及其資料庫。「台灣生物資源調查及資訊管理研習會」論文集。

●陳兼善。1969。台灣脊椎動物誌。台灣商務印書館。

●陳兼善（于名振增訂）。1986。台灣脊椎動物誌（上、中冊）。台灣商務印書館。

●陳義雄。1994。台灣產褐吻蝦虎屬相似種群系統分類之研究。國立中山大學海洋資源所碩士論文。

●陳義雄、邵廣昭、方力行。1994。台灣南部河口及紅樹林區之蝦虎魚類相之初步研究。海岸溼地生態及保育研討會論文集。

●陳鎮東、王冰潔。1997。台灣的湖泊與水庫。

●曾晴賢。1986。台灣的淡水魚類。台灣省政府教育廳出版。台北市。

●曾晴賢。1990。台灣的淡水魚（I）。行政院農委會。台北市。

● 潘炯華主編。1991。廣東淡水魚類志。廣東科技出版社。中國廣東省，廣州市。

● 韓僑權、方力行。1997。台南縣河川湖泊魚類誌。台南縣政府。

● 韓僑權、陳義雄、方力行。1994。高屏溪魚族生態分布及現狀。大自然季刊。

● 蘇六裕。1993。高身鏟頷魚（Varicorhinus alticorpus）棲地利用及生態特性研究。海洋生物研究所碩士論文。

日文部分：

● 大島正滿，1922，日月潭に棲息する魚類に就いて，動物學雜誌，34卷。

● 川那部浩哉、水野信彥，1989，日本の的淡水魚，山と溪谷社。

● 川那部浩哉、水野信彥，1990，川と湖の魚①，保育社。

● 川那部浩哉、水野信彥，1990，川と湖の魚②，保育社。

西文部分：

● Herbert T. Boschung et James D. Williams etc.The Audubon Society Field Guide to North American Fishes, Whales & Dolphins Knopf

● Tzeng chyng-shyan,1986.Distribution of the Freshwater Fish of Taiwan, JOURNAL OF TAIWAN MUSEUM 39(2)：December 1986

● Wang ching-ming,1989. Environmental quality and community ecology in a agricultural mountain stream system of Taiwan, Iowa State University

【後 記】

　　筆者於從事國內魚類生態資源及分布的工作歷程中，長期在外、甚少回家，在此特別感謝內人陳嘉珩獨立照顧初生的兒子，未曾抱怨。家人的鼓勵、鳥類攝影權威周大慶先生經費贊助及攝影指導；清華大學生科系曾晴賢教授審訂全文；前中研院動物所所長邵廣昭博士、大甲溪生態協會詹見平校長、特有生物保育中心魚類組、李德旺先生、蔡昕皓先生、國立海洋博物館方力行館長、中研院動物所林沛立先生、台灣本土魚類展示館何恭焰館長、中華民國自然與生態攝影學會前理事長李進興先生、明新科技大學趙仁方教授、彰師大生物系姜鈴教授、台灣大學柯淳涵教授等專家技術指導；高協德先生、陳永裕先生、容曉光先生、劉富榮先生，提供自身數十年的寶貴經驗；成功大學林弘都先生、清華大學廖德裕先生，協助本書部分魚類鑑訂；劉建福先生、蔡宗穎先生、彭兆文先生協助野外調查；新隆數位影像謝崇祺先生慷慨借予昂貴的專業水底攝影器材；簡伶育小姐、楊靜櫻小姐、謝宗宇先生、劉明予先生、楊正雄先生、洪東耀先生、王子源先生等人熱心協助；職

業畫家施翠峰先生的水彩插圖；晨星出版社陳銘民社長、林美蘭小姐、林婉如小姐，及陣容堅強的編輯團隊，本書才得以順利完成付梓。

筆者在此向國內外曾熱心協助、參與這本台灣淡水魚地圖的朋友，獻上最誠摯的謝意。

國家圖書館出版品預行編目資料

台灣淡水魚地圖／陶天麟著；－－初版.－－臺
中市：晨星，2004〔民93〕
面； 公分 －－（台灣地圖；23）
參考書目:面
ISBN 957-455-650-6 (平裝)
1.魚–台灣

388.5232 93005181

台灣地圖 23 **台灣淡水魚地圖**

作者	陶 天 麟
協力作者	林 弘 都 、廖 德 裕（圖 鑑 修 訂）、周 大慶（鳥 類）、陳 永 裕（釣 魚 方 式）
文字編輯	林 婉 如
美術設計	許 志 忠
繪圖	陶 天 麟 、 施 翠 峰

發行人	陳 銘 民
發行所	晨星出版有限公司
	台中市407工業區30路1號
	TEL:(04)23595820　FAX:(04)23597123
	E-mail:service@morningstar.com.tw
	http://www.morningstar.com.tw
	行政院新聞局局版台業字第2500號
法律顧問	甘 龍 強 律師
印製	知文企業（股）公司　TEL:(04)23581803
初版	西元2004年4月30日

總經銷	知己圖書股份有限公司
	郵政劃撥：15060393
	〈台北公司〉台北市106羅斯福路二段79號4F之9
	TEL:(02)23672044　FAX:(02)23635741
	〈台中公司〉台中市407工業區30路1號
	TEL:(04)23595819　FAX:(04)23597123

定價450元
（缺頁或破損的書，請寄回更換）
ISBN.957-455-650-6
Published by Morning Star Publishing Inc.
Printed in Taiwan

407
台中市工業區30路1號

晨星出版有限公司

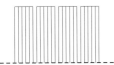

更方便的購書方式：

(1) 信用卡訂閱　填妥「信用卡訂購單」，傳真或郵寄至本公司。

(2) 郵政劃撥　帳戶：知己圖書股份有限公司　帳號：15060393
　　　　　　　在通信欄中填明叢書編號、書名及數量即可。

(3) 通　　信　填妥訂購人姓名、地址及購買明細資料，連同
　　　　　　　支票寄回。

◎購買單本以上9折優待，5本以上85折優待，10本以上8折優待。

◎訂購3本以下如需掛號請另付掛號費30元。

◎服務專線：(04)23595819-231　FAX：(04)23597123

◎網址：http://www.morningstar.com.tw

◎E-mail:itmt@morningstar.com.tw

◆讀者回函卡◆

讀者資料：

姓名：＿＿＿＿＿＿＿＿＿ 性別：□ 男 □ 女

生日： ／ ／ 身分證字號：＿＿＿＿＿＿＿＿＿＿

地址：□□□＿＿＿＿＿＿＿＿＿＿＿＿＿＿＿＿＿＿＿

聯絡電話： （公司） （家中）

E-mail ＿＿＿＿＿＿＿＿＿＿＿＿＿＿＿＿＿＿＿＿＿

職業：□ 學生 □ 教師 □ 內勤職員 □ 家庭主婦
　　　□ SOHO族 □ 企業主管 □ 服務業 □ 製造業
　　　□ 醫藥護理 □ 軍警 □ 資訊業 □ 銷售業務
　　　□ 其他＿＿＿＿＿＿＿＿＿＿

購買書名：＿＿＿＿＿＿＿＿＿＿＿＿＿＿＿＿＿＿＿

您從哪裡得知本書：□ 書店 □ 報紙廣告 □ 雜誌廣告 □ 親友介紹

□ 海報 □ 廣播 □ 其他：＿＿＿＿＿＿＿＿＿＿＿

您對本書評價：（請填代號 1. 非常滿意 2. 滿意 3. 尚可 4. 再改進）

封面設計＿＿＿＿＿版面編排＿＿＿＿＿內容＿＿＿＿＿文／譯筆＿＿＿＿

您的閱讀嗜好：

□ 哲學 □ 心理學 □ 宗教 □ 自然生態 □ 流行趨勢 □ 醫療保健
□ 財經企管 □ 史地 □ 傳記 □ 文學 □ 散文 □ 原住民
□ 小說 □ 親子叢書 □ 休閒旅遊 □ 其他＿＿＿＿＿＿＿＿＿

信用卡訂購單（要購書的讀者請填以下資料）

書　　　　名	數　量	金　額	書　　　　名	數　量	金　額

□VISA 　□JCB 　□萬事達卡 　□運通卡 　□聯合信用卡

- 卡號：＿＿＿＿＿＿＿＿＿＿ ●信用卡有效期限：＿＿＿＿年＿＿＿＿月

- 訂購總金額：＿＿＿＿＿＿＿元 ●身分證字號：＿＿＿＿＿＿＿＿＿

- 持卡人簽名：＿＿＿＿＿＿＿＿＿ （與信用卡簽名同）

- 訂購日期：＿＿＿＿年＿＿＿＿月＿＿＿＿日

填妥本單請直接郵寄回本社或傳真(04)23597123

台灣淡水魚地圖